U0561427

0   0   1   /   自   然    Novi Cives

*Gene Everlasting* **A Contrary Farmer's Thoughts on Living Forever**

# 农夫哲学
## 关于大自然与生死的沉思

〔美〕吉恩·洛格斯登 / 著
刘映希 / 译

广西师范大学出版社
·桂林·

NONGFU ZHEXUE

Gene Everlastion by Gene Logsdon
Copyright © 2014 by Gene Logsdon
Big Apple Agency, Inc.edition published by arrangement with Chelsea Green Publishing Co, White River Junction, VT, USA
Simplified Chinese edition copyright:
2016 Guangxi Normal University Press Group Co., Ltd.
All rights reserved.

著作权合同登记号桂图登字：20-2014-190号

**图书在版编目（CIP）数据**

农夫哲学：关于大自然与生死的沉思／（美）洛格斯登著；刘映希译．—桂林：广西师范大学出版社，2016.3

书名原文：GENE EVERLASTING: A CONTRARY FARMER'S THOUGHTS ON LIVING FOREVER
　ISBN 978-7-5495-6888-8

Ⅰ．①农… Ⅱ．①洛…②刘… Ⅲ．①人生哲学—通俗读物 Ⅳ．①B821-49

中国版本图书馆 CIP 数据核字（2015）第 140759 号

广西师范大学出版社出版发行

（广西桂林市中华路 22 号　邮政编码：541001）
　网址：http://www.bbtpress.com
出版人：何林夏
全国新华书店经销
广西民族印刷包装集团有限公司印刷
（南宁市高新区高新三路 1 号　邮政编码：530007）
开本：945 mm×1 150 mm　1/32
印张：6.875　　字数：165 千字
2016 年 3 月第 1 版　　2016 年 3 月第 1 次印刷
印数：0 001~8 000 册　定价：32.00 元

如发现印装质量问题，影响阅读，请与印刷厂联系调换。

## 译者序
## 向大自然学习生命的智慧

人生只有一件大事,那就是解决生死问题。听上去有点形而上,别着急,横亘在生死之间的,还有一座需要翻越的大山——现实生活。吉恩要跟你谈谈生死,聊聊生活。等等,吉恩是谁?

"园丁和农夫要比其他人更容易接受死亡。每天,我们都在帮助动植物生命的诞生,又在帮助它们结束生命。我们对食物链上的事儿习以为常。在这场由所有生物组成的盛宴里,每一位'食客'的座次我们都了然于心;我们知道它们吃谁,也知道谁吃它们。我们懂得,大自然的一切都处于不断变化之中。"说这话的便是吉恩,他是温德尔·贝里①眼中最有经验、也是最好的农业观察者;这样一段话,凝聚着吉恩的生死观,概括了吉恩的生活。只是,生活对吉恩而言不是难爬的大山,而是与大自然水乳交融的人间天堂。

《农夫哲学》原著出版于2014年,包含了吉恩·洛格斯登从一个农夫的视角对人生、对大自然以及对永恒的思考。这个已是耄耋之年的美国"倔"老头用平实的语言,向我们

---

① 温德尔·贝里(Wendell Berry)(1934— )美国小说家、诗人、经济与文化批评家、农夫。其著作等身,是美国人文基金会2012年"杰斐逊讲座"的演讲者,这是美国政府授予的人文领域学者的最高荣誉。

讲述了他在俄亥俄州农场生长、成年、抚育子女和与癌症斗争的一个个生命的故事。这些故事时而让人忍俊不禁,时而令人潸然泪下(他说,这本书要是没让你流一滴泪,那他就把你买书的钱退给你①)。不管你是哭是笑,他要给你讲的,全是大自然向他揭示的生命的奥秘。

## 一、生活篇:归去来兮,田园将芜胡不归

吉恩夫妇生活在俄亥俄州的怀安多特县,这对恩爱老夫妻平时就捯饬他们的那一小块田地。吉恩写了许多书,还为不少杂志撰稿,写的都是他熟悉的农耕生活,以此满足他的精神追求,也为他们赚点微薄的养老金。吉恩相信,可持续发展的农牧合营才是给农业减压的良策。

"……我们的小农场上,生物多样性永远是最重要的。这儿除了住着一户人家,还有别的住户:玉米、燕麦、小麦、果树、草、豆科植物、浆果和蔬菜。所有培植的物种和野生的动植物、昆虫全生活在一块儿,虽然相互间会闹些别扭,倒也还算和谐……我已经认出了 130 种鸟儿,40 种野生动物(不算猎浣熊的家伙),50 多种野花,至少 45 种树,数不清的漂亮蝴蝶、飞蛾、蜘蛛、甲虫,等等,还有大约 593 455 780 种野草。"②把复利学得一清二楚的吉恩谈起他的"天堂"如数家珍。在吉恩看来,"执拗的农夫就是那些有自己的工作事业,又指望能在家干点农活享受日子的人,这样他们既能吃上好东西,还能做点儿有意义的事儿。农场也不需要做啥,

---

① 译自吉恩博客 http://www.resilience.org/stories/2014-02-25/gene-everlasting.
② 译自吉恩博客 https://thecontraryfarmer.wordpress.com/gene-logsdon-and-his-books/。

他们就坐在餐桌边或者靠在吊床里看动物们吃草就行啦"①。

你心动了吗？

无独有偶。大洋彼岸，来自日本的盐见直纪辞掉了在京都的工作，回到家乡实践"半农半X"的田园生活，享受三代同堂的天伦之乐。你一定想起了田园诗人陶渊明，比起两位外国人，显然还是我们的东晋诗人最有先见之明。"采菊东篱下，悠然见南山。"这样的生活，忙碌的现代人谁不向往呢？

"人类在上百万年的历史中，一直生活在一个依赖自然的农耕社会。那时没有电灯，没有电视，没有收音机，也没有汽车。人们只能在神话中用'千里眼''顺风耳'和腾云驾雾的神仙，来寄托自己的美好愿望……"路甬祥在《呼风唤雨的世纪》一文中将农耕社会与20世纪做了对比，农耕文明与工业文明形成鲜明的反差。20世纪以来，因为科学技术的发展，农耕社会产生了巨大的变化，人类逐渐过渡到工业社会、信息社会。利用科技的"呼风唤雨"的确带来了不少便捷与惊喜，医疗技术的进步和卫生环境的改善也使人均预期寿命有所延长。可是，在经历了工业文明的洗礼后，21世纪的我们突然发现自己天天在吃化学农业生产出来的有毒食物，天天在呼吸污浊的毒气，连我们日常饮水都难逃中毒的厄运，老年病开始年轻化，闻所未闻的疑难杂症似乎越来越多，罹患不治之症也好像离自己越来越近。为了发展，为了所谓的财富与幸福，我们贪婪虚伪，我们疲于奔命，我们苦中作乐，甚至以苦为乐。生活环境与生活方式的改变带来了生活状态乃至心理状态的改变。我们忘记了我们要什么，我们

---

① 译自吉恩博客 https://thecontraryfarmer.wordpress.com/gene-logsdon-and-his-books/。

忘记了我们是谁,我们忘记了在索取后终究要付出代价。

吉恩不会这样悲观,即使他也更怀念过去的生活。

一方面,他觉得大自然比我们想象的坚韧。他虽感慨大自然千回百转的无常变迁,却更惊叹于大自然运筹帷幄的随机应变。他说,面对变化甚至逆境的时候,我们得像大自然一样,气定神闲,能容大度,兵来将挡,水来土掩。通俗地说,就是我们要学会积极地看待、接受和应对眼前的一切。就像蜜蜂、橡树、白蜡和榆树,它们总有办法挺过难关、延续子嗣。就连动物们——负鼠、野猫、鸟儿、蝙蝠、老鹰等,都学会了适应人类社会,我们当然更应该有自信。说不定,我们对包括癌症在内的"诸多担忧都是因为孤陋寡闻才小题大做"。

另一方面,他呼吁我们更加细心地聆听大自然的声音;田园生活虽然好,任意妄为不可行。欧洲防风就在教我们怎样为人处世,修行养生;繁缕和猪草则甘愿充当反面教材,警示我们一切违背自然规律的活动都必然招惹祸害,自食恶果。聆听大自然的声音不能光说不练,还得顺应自然规律行事。羊群不想过河就不能硬逼,草坪不需要修剪就不要自找没趣,偷懒有时没坏处,省心省力又省钱,倒行逆施没准反而带来生命危险。劳动诚可贵,生命价更高。即便是干农活,也要讲究方式方法,巧借力才能事半功倍;也不必刻意拒绝各种现代化手段的帮助,它们也许会成为我们长寿的功臣。

其实,中华民族智慧的先祖早在几千年前就告诫过我们天人合一的道理,许多年以后,美利坚合众国的吉恩才参悟"道法自然"。这对吉恩而言难能可贵,因为他没有盲从西方笃信的"人定胜天"——不然他怎么会自诩是"执拗的农夫"呢。听完他的讲述,我们发觉,回归自然,顺应自然,与自然友好共处,更重要的是放下"万物灵长"的架子,虚心向自然讨教学习,生命的质量会因此发生变化,这样的田园生活也才有更重要的社会现实意义。

## 二、死亡篇：神龟虽寿，犹有竟时，螣蛇乘雾，终为土灰

吉恩是在得知自己身患癌症之后才开始动笔写这本书的。他没想过能看到书的出版，甚至没想过会完成这部著作。癌症的消息让他很吃惊，因为它撕碎了他能永享幸福生活的美梦。从梦中惊醒，他觉得，是时候写写"长生不死"这样的话题了。可能是花园疗法的魔力，也可能是现代医学创造的奇迹，他与死亡擦肩而过。吉恩在书中探讨永生，而他自己战胜癌症的经历便成为贯穿全文的一条隐形的线索。

多数人往往到迫不得已的时候，比如遭受突如其来的变故，才会意识到无常的存在，总以为是无常带来了痛苦。其实，造成痛苦的不是无常本身，而是由于对无常缺乏了解而产生的恐惧。对死亡亦复如是。我们对死亡的恐惧，源于对死亡的无知和死神的铁面无私。它不会因为你是名人富豪而退避三舍，也不会因为你穷困潦倒而穷追不舍；它不会为你的花容月貌垂涎三尺，也不会为你的深情祈祷而垂怜照拂。当它降临，你在世间拥有的一切都将离你而去，你尤为珍爱的色身也终归瓦解成灰。对于无常和死亡这样绝情的"陌生"朋友，我们不该闪躲，应该去观察、去了解；认识它们不仅能消除我们盲目的恐惧，让我们在关键时刻应付自如，也能让我们生活得更加坦然、更有方向。

吉恩便是如此，即使他也曾不知所措。

他开始接受无常，观察生命，思索死亡。他一边珍惜着自己熟悉的牧场生活，比以往更仔细地观察农场和花园的一切，一边适应着牧场和时代的变化，了解有关长生的前沿动态。母亲坟头的双领鸻和猫咪乔吉留下的小猫首先给了他坚强的信心——看到死，更要看到生。而科学和宗教都没有解除他的困惑，这两者为追求"不死"所做的种种努力也丝

毫没能缓解他的忧虑。受到大自然启发,执拗的他又一次特立独行,摒弃好大喜功的科学,背离爱慕虚荣的宗教,从道家"物质永恒"的观点出发,找到了能让他安心直面死亡的答案:万物都能在食物链上得到永生,死亡不过是生命形式转变的开始。墓地作为逝者的家园,如果加以合理利用,或者,奉行简易的生态安葬,也许能实践吉恩"永生"的理念。可是,要转变整个民族的思想难于登天。对"自杀"的调查便暴露出传统文化与习惯制度潜移默化的副作用;哈里森先生的经历也诉说着"死亡"别样的身不由己;人们对秃鹫的忽视更证明,思想观念,或者说思维方式本身就是一种桎梏。

但是不管怎样,既然已经找到了关于永生的答案,吉恩总算踏实了,只是还会为岁月流逝而感伤。母亲的离世,儿孙的成长,自己的老去,生活的变化,这些依然会让他尝到无常的痛。好在,他慢慢领悟到,关键要把握当下;生命会终结,记忆却能永恒。

奇妙的是,就在吉恩放下恐惧的时刻,癌症也放过了他。我们也许应该感谢无常,正因凡事都有改变的可能,即使面对死亡,也还有希望。

## 三、生命篇:生死一如,了生脱死

生死是人生的大事,每个宗教要解决的都是这个问题,一切哲学要解决的也是这个问题。世俗的学问也还是从精神和物质两方面来寻求人的终极关怀,解决人的生死大事。吉恩也发现,"我们人类最大的兴趣还是想知道如何才能永生",即使不能永生,至少也要活得长久一点。

就在我翻译本书期间,人们也没有停止对长生的关注与探索。2014年,媒体①报道,墨西哥萨波潘市的老太太利安德拉·贝塞拉伦·伦布雷拉斯(Leandra Becerra Lumbreras)生于1887年8月31日,是截至报道时全球最长寿的人(在她之前,中国广西河池市巴马县的瑶族老太太罗美珍也活到了127岁,乌兹别克斯坦的老人图蒂·尤苏波娃在2009年已达128岁②)。老太太说,长寿最大的坏处,是"白发人送黑发人",她已经送走了五名子女,还有几名孙子辈。活到100多岁就要反复承受这样的痛苦,如果长生不死,这样的事岂不成了家常便饭?可如果晚辈们也全都长生不死,吉恩在书中担忧的事就变成了现实。这么多人,地球怎么容纳得下?

也许你听说过"火星一号"。这是由荷兰某私人公司发起的火星探索移民计划,目的是于2023年在火星建立永久殖民地。这个计划在全球招募移民志愿者,经过层层筛选,最终将有24人接受严格培训,并从2024年开始被陆续送往火星。听上去很刺激,你也想跃跃欲试?可如果告诉你,该计划为单程之旅,有去无回,你还愿意参加吗?你也许开始怀疑这件事是否理智,但它真的在如火如荼地进行。目前,这个项目已受到各种各样的批评和可行性的质疑,也引起了各方的讨论。说不定,吉恩也在留意这个计划的进展,把它当作下本书的素材呢。

人究竟能活多久?国内外的研究仍在继续,至今没有确切的答案。中央电视台于2013年首度播出大型纪录片《长寿密码》,对"长生"的系列话题进行了一定程度的分析和探

---

① 如人民网 http://sn.people.com.cn/n/2014/0901/c346754-22175743.html。
② 见新华网 http://news.xinhuanet.com/tech/2009-01/31/content_10746207_1.htm。

讨。吐鲁番地区人民医院主治医师米吉提在接受采访时①说,无论植物、动物还是人类,其寿命都是生长期的7倍,动植物的寿命已经达到了它们生长期的7倍,唯独人类尚未达到。这么说来,在冲刺生命极限这件事上,我们人类果真要向大自然求教。吉恩独辟蹊径还真走对了路。而就在一般人都把希望寄托于"长"生这一端时,美国科学家罗伯特·兰扎(Robert Lanza)却对不"死"有了新发现。他声称,利用量子物理学可以证明,死后其实有另一个世界,而死亡只是人类创造出的幻觉②。这竟然与吉恩思索得出的结论不谋而合。

在翻译过程中,我和吉恩就是这样形成了一种跨时空的形影不离的关系。他的故事启发我思考,而他的思想又带着我以他的视角关注世界。几个月下来,农业知识成了我的最爱,花鸟鱼虫开始吸引我的眼球——我得在短时间内变成和吉恩一样的"农夫",否则我走不进他的世界,更别说跟在他身后做翻译。只是,这个老人精力充沛,不仅擅长务农,还很关心时事。他知识面广,思维敏锐,写作起来天马行空,我这个年轻人跟在后头还真要花点功夫。幸好,我与他一样热爱自然,勤于思考,我也想探索生命和死亡的奥秘。

吉恩说他不信宗教、怀疑科学,然而不论是他对生死的理解,还是他对永生的信念,都在某种程度上与佛家的理念重合。佛教认为,生命与死亡是一体的两面:人死,并不是生命的极限,仅仅是这一期生命的终点站,但不是绝对意义上的终点,还有一个地方可去;此生的结束,意味着下一期生命的开始;佛家的终极关怀,是从生命的当下做起,不是等到生命要结束的时候再来做。圣严法师在《生与死的尊严》中提

---

① 参见中央电视台科教频道《走近科学》专题栏目《探寻长寿的秘密》。
② 参见罗伯特·兰扎提出的"生物中心主义"(Biocentrism)。

到:"生是权利,死也是权利;生是责任,死也是责任。活着的时候,接受它、运用它;结束的时候,接受它、欢迎它……应该珍惜生命、尊重生命的可贵,并且运用生命使自己成长,奉献他人。"净慧长老提倡"生活禅",也就是在生活中了生死,因为死亡不仅是人生不可避免的一件事,还是一生之中随时都可能发生的一件事。他开示道:"了生,就是在人生旅程之中怎样活得更好;脱死,就是在走完人生旅程之后,怎样死得更好。人要想生存得好,就要了生,想要死得洒脱,就要脱死。脱死不是不死,脱死是在了生的基础上,死得潇潇洒洒、自在安乐……如果有真诚的信仰,坦然面对,死生一如,当下就体会到如来如去,你就真正能够视死如归,就真正能够进入到无住涅槃。"[1]

吉恩本来是要通过学习做一位天主教神父,现在他却自创了一套属于自己的信仰,快乐地经营自己的天堂。这份信仰流淌在字里行间,变作对传统习俗的调侃,化成对宗教科学的揶揄。他觉得它们都徒有其表,毫无事实真相。他不怕惹恼那些被主流论调催眠的各路人士。他相信,只有大自然才会告诉我们万物的真谛。他像一个老朋友,亲切地对我们把自己的故事娓娓道来,带领我们回归自然,走向自省。而他执拗的叛逆,也给我们敲响警钟:也许约束我们长生的,不是时空,而是我们自己。

愿大家都能"在生活中了生死,在了生死中生活"!

刘映希
2015年5月于桂林

---

[1] 参见净慧长老《生活与生死》一文。

# 序言

　　作为一名癌症存活者，我开始更多地思考生与死，这很自然。可我发现，许多身体倍儿棒的人和我一样，也在思考生死问题。这让我感觉，人离大自然越远，就越惧怕生命中最自然的事——死亡。或许，这只是我的想象，毕竟人生自古都怕死，但是，人们因为怕死而想出来的新鲜事儿似乎越来越多。因特网就提供一种服务①，有了它，我们就能永远在线，像小鸟叫一样"叽叽喳喳"说个不停②。为这款电子产品进行前期宣传的广告说："即使停止心搏，你还可以微博。"

　　恰恰这时，某国有一位总统撒手人寰，他的遗体则像法老时期那样被"给予防腐保护，传诸后世瞻仰"。这位总统的遗体虽然不会真的代代相传，但会"永久"地被"保存"和陈列于博物馆。这比死后用推特发微博，甚至比临终时冷冻

---

　　① 此处指推特（Twitter）推出的"Lives On"（意为"延续生命"）应用服务。推特是一个广受欢迎的社交网络及微博客服务网站，允许用户将自己的最新动态和想法以移动电话中的短信息形式（即"推文"tweet）发布（即"发推"to tweet）。"Lives On"应用程序通过分析用户喜好及其语言的句法特征等，在用户去世后能继续发出同用户本人语言风格一致的信息、更新和链接。若无特殊说明，注释均为译者注，全书同。

　　② 借原文"tweet"一词的本意"鸟啁啾而鸣"兼指发推文这样的微博短信息。

身体,等着未来科学帮自己复活,然后再接着发微博,更可悲。但是,不管你怎样看待像制作木乃伊似的①在死后追求长生,它都不算最可怜的;更可怜的,是那些活着就在追求不死的两派人——他们要么投奔宗教,要么仰仗科技,百般努力,只为升入朦胧的永恒国度觅得永生。我的电脑修理员说,我无需再担心会丢失文件夹里的宝贵文字,它们会自动备份到"云";在那儿,只要电子世界的上帝规定了我的文字不可侵犯,它们就没人敢碰。

接着,好像老天也有意帮我说服出版商出这本书,"死亡咖啡馆"流行了起来。据我调查,第一家死亡咖啡馆于2011年出现在英格兰,可到了2012年,它已经遍布各地。所谓"死亡咖啡馆",其实是想讨论死亡的人聚在一块儿,一边谈论死亡,一边喝茶吃蛋糕;或者,一边灌着烈酒(神灵鬼魂全都虚无缥缈,唯烈酒②实实在在)。死亡还能让人把酒言欢?这看着就怕人的事竟能一呼百应。也许,他们越来越不愿接受死后还有来世的教义,父辈们要上天堂投入耶稣怀抱幸福永生的观念再也不能使他们得到满足。

如果人类已经这般迫切地要聚在死亡咖啡馆里讨论墓后生活,那我觉得自己关于这个话题的奇思异想可能也不算太牵强附会。亲爱的读者,我可以向你保证,如果你是一个园丁或者一个农夫,只要用我的方法,或者说,自然界的方法,就算你停止了心跳,停止了薅草,你也能无限期地滋养这片土地,不用推特就能办到。随着你的尸体腐烂,你会回归

---

① 人体冷冻技术(又称人体冷藏学、人体冰冻法),是一种试验中的医学技术,将临床学上的死者躯体在极低温下(一般在-196℃以下)冷藏保存,使躯体免遭微生物活动的破坏,并希望可以在未来通过先进的医疗科技使他们解冻后复活及接受治疗。其可行性有道德伦理、法律等多方争议。一些学者将之称为"制作现代木乃伊的技术"。

② 原文"spirit"一语双关,既指"神灵、鬼魂、灵魂"等,又含"烈酒"之义。

到食物链这个无始无终的永恒花园,你爱的人会觉得你更仁慈——若非其他缘故则至少因为,你没在死后还继续不停地发微博,这对他们就算是行行好啦。

我写这本书是因为我相信人类(包括我自己)都没有理性逻辑,但是没有理性逻辑也不全是坏事。春雪突降,给大地披上了厚厚的雪毯,冬乌头却在雪地上愉快地开着黄花,相当不合逻辑吧?但此情此景,嗯,赏心悦目。人类的无理性之所以极为不妙,全是因为人类具有暴力倾向,而这点却尤其致命。但凡两个或两个以上的人聚在一块儿,他们终将互相残杀;即使只剩一个人,他或她也很可能会自杀,因为除了自己再没别人可杀了。这一切如此荒唐就在于,这些被基因锁定的杀手们,不仅个个会想方设法使自己活下来,还会在某一时刻,不惜以自己的生命为代价,保护尚未对其构成威胁的人。人类活动的整个文化史都在讲述一个真实的故事,故事里的人用一只手杀生,却用另一只手救命。

这种两面性让我看到了希望——人类的基因型不断演变,终将使人类无法自相残杀。那会是一个奇迹,而相信奇迹也很疯狂。尽管如此,我的期望却与上文所述完全相反(人类无理性的又一表现);我衷心希望这本书能给那些面对死亡的人带来慰藉,也就是,我们所有人。

# 目  录

001 | **第一章　无常的牧场** / 其他动物只知道活在当下,不自觉地遵循着一种智慧,而我用了八十年时间才领悟到这种智慧,而且很可能要再用上八十年才能把它掌握。

010 | **第二章　神奇的花园疗法** / 自然界里,没有什么会真正死去。各种形式的生命体都在自我更新。相比"死亡","更新"才是最适合用于描述生命进程的词。

020 | **第三章　永远到底是多远** / 以前我用神父的这个比喻来描绘天堂,可现在,盯着不愿乖乖待在我臂上的该死玉米棒,我用它来想象地狱。不,没人配得上"永恒",希特勒也不配。

024 | **第四章　母亲坟头的双领鸻** / 我的孩子们只看见一只鸟和草里的三只鸟蛋,而我看到了母亲的精神,呼啸着保卫天地万物,把她的坟墓也变成了绿色的生命摇篮。

028 | **第五章　大理石墓地也可以是果园** / 受到保护的处女地,罕见或奇异的景观植物以及偶尔的本地先锋物种可以联手把公墓变成一块磁铁,吸引来大批野生物,把原本毫无生气的石墓碑林当作它们的庇护所。

| 037 | **第六章　啊，令人梦寐以求的长生秘诀** / 我自己的小农场，是我天堂般的王国——这份喜悦正慢慢渗出一种新的平静，滋润我，让我易于接受宗教与科学的对立。我开始同情那些相信宗教或者相信科学的人。

| 044 | **第七章　猫咪乔吉** / 乔吉是只再普通不过的老猫，但对我们四岁的儿子杰瑞来说，她却给了他亲情之外的第一份友谊。乔吉抓来老鼠，他就奖励乔吉饼干。当浣熊跳到露台上，杰瑞以为它要吃小猫咪而吓得躲起来的时候，乔吉却很勇敢，留在那儿和浣熊对峙。

| 048 | **第八章　"不死"课堂Ⅰ：繁缕篇** / 大地本可以成为永久的花园，是我们在阻挠这一切的发生。我们每年都撕碎大地的土壤，这是阻止它成为永久花园的第一步。

| 054 | **第九章　"不死"课堂Ⅱ：猪草篇** / 猪草正大踏步向我们产业化种植的粮田进军，想把我们从人类自己的手中解救出来，说服我们放弃机械化的粮食生产体系，重新拿起锄头，进行传统农耕。

| 060 | **第十章　他们为什么要自杀？** / 假设我们自幼便相信，我们是永恒生命中不可或缺的一部分，我们在食物链上流转，也终归回到食物链，这一切美好得令人欣慰。假设真能这么想，还会有人认为自己在地球上是多余的吗？ |

| 071 | **第十一章　也许上帝就是一株纯红的鸢尾** / 我依旧认为，死亡是件非常非常遥远的事。我只是决心要找到这样一个地方生活；在这儿，新房不能比老人、鸢尾花和松树林更重要。 |

| 080 | **第十二章　大自然的那股子韧劲儿** / 我们为每况愈下的环境发愁固然情有可原，可一味的担心却蒙蔽了我们的双眼，让我们看不到大自然惊人的自我修复能力；其实只要我们稍加留意，它在我们身边就随处可见。 |

| 089 | **第十三章　欧洲防风的长生秘诀** / "要像我们防风一样形成鲜明的个性。我们的味道只受少数人赏识，不是大众口味。你得吸引独具慧眼的少数人，而不是取悦那些向来只对金钱交易感兴趣的大溜派。" |

| 094 | **第十四章　杀猪日** / 有人说,人类的基因决定了人得吃肉,要是不吃肉,过不了几代,人类就得退化;也有人说,我们是杂食动物,不吃肉也能活,只不过是肉实在好吃,我们才戒不掉。 |

| 102 | **第十五章　秃鹫的诱惑** / 秃鹫是农场与花园现实的最佳象征,是生死冲突的完美图腾;它是幻想中的雷鸟,在空中美得让人窒息,在地上丑得令人生畏;生与死,便笼罩在这漆黑的羽毛与火红的脑袋之下。 |

| 110 | **第十六章　去它的"利滚利"——我们近乎不朽的发明** / 如果人类真像我们自己坚持认为的那样理性,那我们究竟是为什么需要"钱"呢?没"钱"的世界肯定会是人间天堂。 |

| 119 | **第十七章　在人类中求生存** / 人类对大自然所做的一切,就像一艘迎着大自然挺进的无畏战舰,看似无坚不摧,其实却有不少漏洞。如果,你找到了那些瑕疵裂缝,找到了与环境友好共处的位置,你会发觉,你也获得了些许大自然在面对逆境时的忍耐与平静。 |

| 128 | **第十八章　再干久一点儿** / 如果你能尽量推迟死亡的到来，你便迈出了走向不死的第一步。如果你是个闲不住的老家伙，还偏偏有园子有农场，那你就得这么做：能拖到明天的事情，今天打死也不干。 |

| 141 | **第十九章　独自哭泣的秘密角落** / 流逝的时光把我的小男孩和小女孩都带走了，只给我留下了少年，少年又长成了男人和女人。小男孩和小女孩一"死"就真死了，不像死尸还有生还的可能；死尸经过腐烂分解就会回归生命，而他们的童年，一去不返。 |

| 146 | **第二十章　直面死亡** / 传统文化说，有个慈爱的上帝在天堂注视着我们，但是有人不相信；我喜欢对这样的人说，我就是证据，这样的上帝或许真的存在。 |

| 157 | **第二十一章　又一春** / 大地不是埋葬尸体的墓室，而是一间等候室，所有生命都在这儿重整旗鼓，蓄势再发。 |

| 181 | **致谢** |

| 182 | **译名对照表** |

## 第一章
# 无常的牧场

  我不知道自己从什么时候起开始了怀疑,怀疑过去所学的一切——生与死、因与果、始与终、有穷与无穷、永恒与无常;但我知道,自己的这些疑惑,何时如兵临城下般,到了非解决不可的地步。四十年前,我选择回到儿时旧地度过余生,落脚安家的那块狭长地就在小溪边上。旧地图管这小溪叫沃泊尔溪,因为附近曾住过一位怀安多特①印第安酋长。小溪刚够五英尺宽、一英尺深(汛期除外),却是连接我现在的土地和我儿时家园(小溪上游约两英里处)的纽带,中间数百英亩的溪谷是我童年时的游乐场,也是我成年后的人生学堂。低矮却十分陡峭的山丘将这片小溪谷环抱,一个多世纪以来,放牧的羊群将谷间的草地修整得如同高尔夫球场一般平滑。我可以在这片草地上自由自在地徜徉,因为整块地都归我母亲的家族,也就是罗尔(Rall)家族成员所有。但我并没因为这样的好运而心怀感激,我认为这是理所应当的。谁都可以随心所欲地在几百英亩的私家大草地上漫步闲逛,不是吗?孩提时,我们把这片草地叫作"永久牧场","永久"

---

  ① 怀安多特(Wyandot)人或温达特人(Wendat),也称休伦人,是北美原住民。

和"牧场"这两个词在我的脑海里简直就是一个词——永久牧场。我们的父母都是牧场上的农民,他们就是这样称呼它的。在我们心里,它以前是牧场,现在是牧场,将来也一样是牧场。

从这片牧场本身我就该领悟到,"永久"不过是种假象。那些慢慢腐烂的老树桩默默讲述着牧场的过去。这里曾经是一片林地,它们都是这里的参天大树。如今,这儿成了牧场,它们也只剩巨大残桩,星罗棋布。圣詹姆斯溪汇入沃泊尔溪的地方有一个史前建成的土垒,现在也只剩土垒的后半截依旧屹立在那儿。(真神奇,在俄亥俄州的一个牧羊场深处居然会同时出现欧洲犹太基督徒和美洲原住民的名字。)大家都说它是人工建造的,可它孤单地杵在那儿显得有点儿突兀,与沿溪的谷坡又都不相连。我却被它彻底迷住了,还把这儿的图书馆所有和"筑丘人"①相关的书读了个遍。我知道,比我们先住在这儿的怀安多特印第安人与特拉华印第安人都不是神秘的筑丘人。我站在这个梨形土丘的最高处,想象那些神秘人像书中描述的那样把一筐又一筐的泥土搬到这儿。我假装自己穿越到他们的文化时代,成了他们当中的一员。我想让他们现身,要他们从土里走出来对我说话。他们在两条溪流的交汇处筑土丘是有什么原因吗?难道这儿在他们那个时代就已经是整个溪谷里最佳的垂钓点了?

从我家出门跨过沃泊尔溪,对面小山的山脊上有条弃用的水井管道,周围散落着一件件陶器,这里显然住过一户美洲拓荒人。事情变得更神秘了。在这户人家的旧址上能找到我们的文化时代里才有的人造物件。我的一个姐妹就在这儿发现了一枚黄金结婚戒指,于是与她丈夫在这附近建起了他们的新家。可有时,我们也能在这儿发现古文明用具,

---

① 美国原始印第安人习惯生活在一种土堆式的屋子里,故被称为"筑丘人"(Mound Builders)。

比如燧石箭头。它们顿时使黄金戒指变得很不搭调。家里人传说，有个黑人曾在这儿的一间小棚屋里住，他为我们的祖父工作过。但是，有户人家曾在这儿居住是很明显的事，而且他们住在这里的时间比祖父在世的时间还要早，住的房子也绝不仅仅是个小棚屋。无论如何，这些人对我们来说就和建土丘的那些人一样神秘。母亲把那些散落一地的陶器叫作"瓷器"，而盛产瓷器的中国却同筑丘人一样，与我们相距遥远。

面对如此古老神秘的土丘，我们家族的第一反应是，亵渎它。我的一个老伯父告诉我，曾祖父曾在土丘上犁地，还在上面种起了玉米。如果是借助马匹和单铧犁，这还可能办到，但要想用拖拉机在上面作业，那就没啥可能了，因为土丘的三面斜坡实在太陡了。我本来不太相信伯父的话，可顺着他手指的方向，我居然真看到与土丘一溪之隔的峭坡上有老犁沟。那山坡已是杂草丛生，老犁沟的痕迹却依然清晰可见。如果在那些山丘上都能犁地，我猜在这个土丘上也可以犁。可是，那些早期的定居者为什么偏要在陡峭的山坡上耕田种地呢？附近不是有平坦又肥沃的洼地吗？很有可能是因为，当时的平地上长着大树，地里还暗藏瓦片，所以要想在平地上耕种，还得先把它们清理掉。

这片土地的种种遗迹都在不停告诉我，这个溪谷绝非天生就是牧场，事实清楚，证据确凿。它之所以成了牧场，只是因为早期在这儿生活的农民最后发现，谷中的山坡虽然很低，但是太过险峭，不适宜长期耕种，而且小溪近旁的一些平地过于湿软，跟沼泽地差不多，容易被水淹。再说，每个农场都需要草地来放牧饲养的牛羊，所以，把山坡都变成牧场才会有很好的经济效益。当然了，一切都得经济说了算。

1975年，我回到了自己挚爱的儿时乐园，它依然是一片牧场，还有几片小树林，四处都是牛羊。看着儿女像往日的我一样,夏天在牧场草地上嬉戏玩耍,冬天乘雪橇滑下山坡,我快活极了。这种延续好似堡垒,守护着我珍藏的感觉:永久牧场的一切都不会变。新房屋一座座拔地而起的时候,我已经离开了先前待过的明尼苏达州、印第安纳州和宾夕法尼亚州。我现在会做噩梦,梦到家乡的这些牧场上也挤满了地产开发区,一块块的,支离破碎。

可自从我回到家,除了我们家少得可怜的几英亩地,以及儿时乐园另一端的姐夫妹夫们比我们略多一些的几英亩地,"永久牧场"就一直在遭遇变故,我从没想过会这样。不论是采用机械将粮食耕种产业化的粮农,还是饲养牲畜放牧牛羊的牧场主,都越来越瞧不上它。现代化的机械设备体型规格都不小,用它们在倾斜的山坡和溪边的小山谷里耕作收割可不划算。这个时代的农业,"不做大就滚蛋"。这片牧场的土地就不够广阔,在这儿放牧,没法创造利润。政府也来凑热闹,还制定了奖励政策,鼓励农民放弃在溪畔种田、放牧。就这样,这些牧场慢慢恢复了树林的模样。我也就这样看着,恋恋不舍,充满敬畏,看着昔日的溪边牧场变成一丛丛野草和灌木,这一看将近四十年。2013年,树苗的长势喜人。倘若有个怀安多特印第安人在1870年到沃泊尔小溪沿岸的林地睡上一觉,然后在2070年像瑞普·凡·温克尔①那样醒来,他很有可能会觉察不到周遭景物的变化,但他也许会看到树林间大得跟恐龙骨头一样的金属残骸,那些都是正在腐朽的农用机器。

牧场的变化如蜗行牛步,十年过去我都没发觉有何不同。于是,我想把那块地全买下来,只可惜钱不够。终于有

---

① 瑞普·凡·温克尔(Rip Van Winkle),是美国作家华盛顿·欧文(Washington Irving,1783—1859)创作的著名短篇小说《瑞普·凡·温克尔》(*Rip Van Winkle*)里的主人公。有一天,他为了躲避唠叨凶悍的妻子,独自到山上去打猎,在喝了别人给的仙酒后睡了一觉,醒后下山回家,才发现已过了整整二十年。

一天,野草和灌木长得太过茂密,我再也没法从中穿行而过了。我只好趴在地上,匍匐前进,有时爬着爬着便失声痛哭,为我逝去的青春哀悼。渐渐我才明白,退牧还林,不过是大自然在做它该做的事,又没什么坏处,只有我才把它想得这么伤感,还哭鼻子。

但我至少学会了不可轻率地预测后事,变故也可能有转机。说不定要不了一百年,一种"新"农业就会卷土重来,年轻的"拓荒者们"会再次清理这片土地,然后在这放牧牛羊。或者,也可以把这些老山丘变成一个高尔夫球场。听起来很荒谬,其实不然。山谷上那处平坦的开阔地(距离土丘不到一千英尺)就有一个给飞机用来起落的跑道,那是罗尔起降场,它在20世纪30年代兴旺一时。那时候,人们对飞行怀有许多宏大的愿景——家家户户的谷仓里都得有架飞机。可是,一架飞机俯冲到老犁沟里之后就皱得同一台手风琴没啥两样了。这一幕更让我的叔祖父拿定了主意。他从背带裤前兜里掏出日记本,用他那截铅笔头"唰唰"记下:玉米比飞机跑道值钱。

我怎么会有"永久"这样愚蠢的想法,还连带有了"不朽""无穷""无限空间"这一系列概念呢?它们都超出了人类思维可以理解的范畴。我多少还能理解人寿有限、牧场会变、地界存大小、事件论始终,但我为什么就是要折磨自己老想着"永恒""永久牧场"呢?其他动物都只知道活在当下,不自觉地遵循着一种智慧,而我用了八十年时间才领悟到这种智慧,而且很可能要再用上八十年才能把它掌握。我的那只黑母鸡能把它的那首快乐幸运歌从早到晚唱个不停,"咯咯咯哒咯咯咯哒"……它对自己的生活知足极了,因为它不认识在它的鸡窝那儿就能隐约看着的旧土垒,不知道老犁沟给不该耕种的山坡留下了道道疤,不去想它脚下的地里可能就埋着的燧石箭头,更不担心自己在接下来的几分钟可能就会死在老鹰爪下。听它无忧无虑地唱欢歌我就嫉妒。我可知道,危机四伏;我唱的大多是悲歌,边唱还得边警惕险情,当心脑袋不保。我是不是也可以说服自己接受黑母鸡的道理:现实世界里没有开始,也没有结束,只有永远的当下。

这可不是稀奇古怪的无聊哲思。今天,无论你往哪儿看,都是那些头脑非凡的人在给你解释"无穷"这个概念。他们煞费苦心,力求把纠缠我们不放却又始终让我们捉摸不透的想法解释得一清二楚。比如希格斯玻色子①。如果关于玻色子的这番见解出自寻常百姓,我们肯定会笑他们吃饱了没事干;但它却出自高高在上的知识分子,也就是所谓的科学家。他们怀疑"无穷"里大有学问,他们觉得自己有责任弄个明白,因为它跟"太空"有关。他们发明新词。给事物命名就赋予了它们身份,也就好像给了它们定义。我们差点儿可以相信,我们已经掌握了有关空间无穷的具体知识,因为我们现在不仅能发出"玻色子"这个词的音,还能给它定位,它就在希格斯场②里。玻色子是一种亚原子粒,根据定义,它没有形态,也就是说,它没有大小。我的脑海里立马升起了一面面红旗,尤其是希格斯派现在仍在争论他们是否真的像最近新闻里报道的那样发现了玻色子。为了向可怜无知的老百姓们描述陌生的玻色子,希格斯派运用了各种富

---

① 希格斯玻色子(Higgs boson),粒子物理学标准模型预言存在的一种基本粒子,自旋为零,不带电荷、色荷,非常不稳定,在生成后会立刻衰变,于2013年3月14日暂时被确认存在。希格斯机制(Higgs Mechanism)由英国物理学家希格斯(P.W.Higgs)提出。2013年10月8日,比利时理论物理学家弗朗索瓦·恩格勒(Francois Englert)和英国理论物理学家希格斯因希格斯玻色子的理论预言获诺贝尔物理学奖。
② 希格斯场(Higgs field)被假定为一种遍布于宇宙的量子场。按照标准模型的希格斯机制,某些基本粒子因为与希格斯场之间相互作用而获得质量。假若能够寻找到希格斯玻色子,则可以明确地证实希格斯场也存在于宇宙,就好像从观察海面的波浪可以推论出大海的存在。连带地,也可确认希格斯机制与标准模型基本无误。

于想象力的比喻。我在网络上读到一位作家将玻色子比作一场纯白暴雪里的一片纯白雪花,落到了被纯白雪花覆盖的无垠大地上。另一位作家则把希格斯场描述为:许多玻色子在"无形的薄雾"中像"暗能量"一样漫步闲游的地方。还有位作家为了使玻色子简单易懂,暗指它们是因为风吹而从墙上筛下来的尘埃,但前提是这面墙实际上并不存在。这就是诗人和神学家喜好的马粪牌语言①。其实我自己还挺喜欢玻色子的,但我确实没法将关于它的那些推论当事实,再说了,这东西没有形态大小,到底找没找着都还没定论呢。我想,也许玻色子是天使。我关心的是有多少个玻色子能同时在大头针的大头上跳舞。尽管相关科学家不喜欢,但希格斯玻色子被称作"上帝粒子"。一语中的。科学正试图识别和定义无穷的智慧。它想要重塑上帝。

那么遥远太空的最新发现又是怎样的呢?我们的望远镜已经找到了"凤凰星团"②,它容纳着数十万星系,这些星系每年甩出七百颗星(这可不是我们说的)。即便只是一个星系的规模都已经让人类无法想象了,十万个这样的星系群集一"团",向外甩着星星,就像一台发球机向外吐棒球一样,简直不可思议。就在我试着把玻色子、凤凰星团、暗能量和无形的薄雾弄弄明白的时候,我怀疑那些相信科学的人比相信上帝主宰一切的人还要好骗。也许最容易上当受骗的,是那些既相信科学又相信上帝的人。

然而,我的困惑最终被解开了,不过,我用的几乎是宗教

---

① 类似于英语里的"bullshit",意为"胡说或瞎扯的空话、废话"。
② 美国科学基金会(NSF),位于南极安塔克提克地区的射电望远镜发现了一个奇特的星系团,此星团使天文学家对星系团和星系自身的进化过程产生了重新认识。由于所发现的星系团位于凤凰座,因此被命名为"凤凰星团"(Phoenix Cluster)。该星团距离地球约57亿光年。凤凰星团和它的中心星系及超大黑洞是迄今发现的此种类型中最大的星团。星团因其超大的体积,已成为人类研究宇宙和星系进化的重要对象。

与科学都弃之不用的办法。或许,能够永恒的是"物质",或者是"物质世界",再或者是任何你称之为"它"的事物。"它"没有开端,也不会结束。这种想法虽然与宗教和科学坚持的理念相矛盾——宗教坚持是上帝创造了一切,科学则坚持每个自然结果都必定源于一个自然起因——却消除了许多我对宗教和科学的疑惑。我再也不用为万事万物如何开始又是如何结束而烦恼了。

站在我那小山谷的印第安土丘上,我原以为自己想出了一个关于《万物之义》①的新观点,结果发现这个观点在道家学说里早有述及,在那之后至少六百年,基督教才刚出现。而且,如果考古学家没弄错,那时我的土丘也多半没建起来。不仅如此,从那以后,这个观点还被重提多次。我只是没读到合适的书。可是,要找到合适的书谈何容易?要知道,我的新观点既不同意宗教所坚持的上帝创造了一切,也不符合科学所坚持的每个自然结果都必定源于一个自然起因。虽然二者都解释了万物的起源,但那些见解我都不太满意。我觉得,万物没有开端,宗教和科学却不能很好地解释我这个看似离经叛道的观点。假如真顺着我的新思路往下推,假如真能推出结论,那这个结论的作用可不一般,不仅能解除我对"无穷"的困惑,也能帮我摆脱对死亡的恐惧。在我看来,正是因为对死亡的恐惧,人类才去探索自己无法想象的遥远太空,去那儿寻找人类同样无法想象的永生。一旦认定世上没有死亡这回事,有的只是生命形式的转变,人在面对死亡时紧握的恐惧也会逐渐消失。

接下来我突然发现,我自己正面对死亡。这回是真的,

---

① 该书全名为《万物之义:一个公民兼科学家的思考》(*The Meaning of It All: Thoughts of a Citizen-Scientist*),作者是诺贝尔物理奖获得者理查德·费曼(Richard P. Feynman)。书中收集了作者于1963年发表的三篇公开演讲(此前未出版),研究了科学与社会的关系。

不是假设。我得癌症了。接受治疗的日子,标记时间简化成了标记化疗次数,而治疗后癌症会不会缓解却是个未知数。关于永生的那些想法,本来还让我的心有点打鼓,现在却开始给我鼓劲助威。历经恐惧、愤怒、麻木之后,我才平心静气地意识到,沉溺于思考死亡无异于计算暗能量或是考虑沃泊尔溪谷何时会再清理成牧场,这些都是在浪费时间。

可是很奇怪,我没去研究道家学说,尽管那是我对"永生"新解的哲学根源。我开始研究我的花园和农场。我比之前花更多的时间,蹲坐在属于我的这一小块自然天地中。我想要的答案,至少能挽救我于绝望的答案,就在这儿展现在了我的眼前。其实大自然一直都想告诉我那些长久以来我需要知道的事,而我,却总让来自非自然世界和超自然世界的声音将它淹没。我坐在花园里,身体虚弱得都弯不下腰去拔草,但我却能近乎平静地面对死亡。我已经明白,我的花园是整个地球花园的一部分,所以它是永恒的;我是地球花园的一部分,所以我也是永恒的一分子。这才是我心目中永恒天堂的模样。

## 第二章
## 神奇的花园疗法

我有个观念,园丁和农夫要比其他人更容易接受死亡。每天,我们都在帮助动植物生命的诞生,又在帮助它们结束生命。我们对食物链上的事儿习以为常。在这场由所有生物组成的盛宴里,每一位"食客"的座次我们都了然于心;我们知道它们吃谁,也知道谁吃它们。我们懂得,大自然的一切都处于不断变化之中。我一年四季都在一块草莓地上忙活,可到头来,它结果的时间只有三个星期。卡罗①全年照看的那片鸢尾,真正逞妍斗色的时间也不过两周。整个冬季,朱顶红都端坐在地下室的花盆里打瞌睡,三月却突然醒来,吐出两朵花,美艳不可方物。不到十天,花落凋零,一年一场的演出到此结束,若想再看,且待来年。这便是现实:生命与死亡的事实,如此令人难以接受。

早春,牧羊人都会没日没夜地为母羊助产,有时为了能保住还没出生便要夭折的小羊羔,更是通宵达旦地忙个不停。跪在厩肥②和胎衣上把整个前臂伸进母羊的肚子里可真不好玩。接下来的整个夏天,还要好好看守母羊和小羊

---

① 作者的妻子。
② 家畜粪尿和垫圈材料、饲料残茬混合堆积并经微生物作用而成的肥料。

羔,为它们驱虫,保护它们免受蛆、狼、郊狼和邻家恶狗的伤害。我们图什么?当然不是钱,我们没几个是靠养羊赚到大钱的。但是,一看到那些小羊羔在春天的绿草地上蹦蹦跳跳,所有为它们受的苦与痛就全部烟消云散,牧羊人只觉欢喜。秋天来了,曾被倾注许多辛劳与关爱的羊羔会被运到牲畜围场①等待屠宰。我的一个朋友一生为农,他给我讲了个让他感动得掉眼泪的故事。有一次,他把自己养的小公牛送到围场后没走,留在那儿看它们出售。围场很大,各个农夫送来的牲畜被分开关着,等着被拍卖。圈牲畜的地盘上边有个狭窄的过道,从那儿可以看到所有圈存的牲畜。我的这个朋友走上那儿去,想最后看一眼他的小牛。就在他同另一个农夫说话的时候,他的牛听出了他的声音,全都抬起头来,可怜巴巴地冲着他大叫。"它们听到了我的声音。它们大声叫,求我救救它们。"我的朋友说,"那一幕震撼了我的心灵。"

  过去我常问自己,是怎样一种倔强使我们这些园丁和农夫非要过这样的生活,可是,直到我得了癌症面对死亡的时候,我才能开始坚定地回答这个问题。那个春天,我的身体太虚弱,卡罗不得不承担打理花园的大部分工作。但是有时,在两次化疗的间歇,我精力还行,就坐在椅子上用手和锄头除草。实际上,这样坐着除草并不舒服,所以我大部分时间其实都跪在地上,拔一会儿草就撑着椅子起身,坐一坐,喘喘气,再站起来锄一会儿地,再坐下来休息一会儿。这样干活儿,逼着我和周围的生命形成了一种分外亲密的关系。我的一个首要任务是收拾一年都没打理的那片黑树莓。我没开着耕作机轰隆隆地在田垄间压来压去,也没大力地挥舞锄头埋头苦干,那样总是太赶太匆忙。我坐在地里,身边全是

---

① 牲畜围场,是牲畜在屠宰、出售或转运前临时被圈存的地方。

树莓藤。不断向四周舒展攀爬的藤枝使这儿看起来更像是一个小小的丛林而不是花园。我只能除掉靠椅子最近的草,锄锄地,把最近的藤枝修剪修剪,然后提起椅子往前挪一挪再接着干。遇到遮挡去路的藤枝,我就把它们踩在脚下,或者把它们推开,要么,就任由它们缠绕。一言以蔽之,我和树莓王国水乳交融。

长期与树莓那样亲密接触,我对周围的植物也变敏感了,它们像万花筒一样千变万化,但我以前却多半对它们视而不见。在这儿找到任性的繁缕①、讨厌的苦苣菜和顽固的蒲公英都在我的预料中,只是,那可爱的莳萝究竟是从哪儿来的?我就留它在那儿任其生长,行吗?(行啊——当你身体虚弱的时候,几乎任何混栽的效果都一下子变得好了起来。)这种奇怪的草又是什么?那么快就长得一地都是。单看它还真认不出来,结籽的时候才有点儿像早熟禾②,可这才三小时的样子,它就把籽给结好了。这块地大约十五英尺宽、三十英尺长,面积真不大,但就在这片黑树莓下,我却数出了十九种不同的野草。其中还有猪殃殃③。它们到底从哪儿来的?

实生苗④也在这儿把根扎牢了,真令我沮丧。这块树莓

---

① 繁缕(又称鹅肠菜),其形状与鹅肠十分相似,喜温和湿润的环境。由于草茎极为繁茂,中间有一缕主茎,所以叫繁缕。其繁殖力极为旺盛,一年到头开满了白色星形的花朵,四处散播数万万至数百万颗种子。嫩叶可以供人类食用,种子则受到鸡及鸟类的喜爱。作者在第八章对繁缕有更详细的分析。

② 早熟禾(别名小青草、小鸡草、冷草等),是重要的放牧型禾本科牧草,营养丰富,各种家畜都喜采食。

③ 据说猪食此草则病,故名猪殃殃。其英文名"bedstraw"亦有来历,传说圣母马利亚在用猪殃殃铺成的床上生下了耶稣,故该词的字面意义为"铺床的草"。

④ 实生苗(又称有性繁殖苗)是直接由种子繁殖的苗木,包括播种苗、野生实生苗以及用上述两种苗木经移植的移植苗等,有别于无性繁殖得到的扦插苗、嫁接苗等。

地,好歹我还铺过树叶护根①,现在竟成了小树苗的天堂,越邻近小树林,小树苗就越多。才一年没除草,藤下就冒出了至少二十株白蜡苗、十二株黑胡桃苗。我这才明白,人们大可不必在植树节②这天热情高涨地弄一堆活动来种树。真想让某个地方多长出些树来,只需就地铺上一英尺厚的树叶护根,然后就不用管啦。相信我,只要那附近有树,新树一定会不请自来。树莓藤间有几株两岁的白蜡苗,去年我没机会静静地坐在藤间,所以没发现它们,可它们现在已经五英尺高了,都长到了树莓藤的外边去!移栽的树苗永远不会长得那么快。

树苗告诉我的可不仅是这些。所有的老白蜡都因遭到花曲柳窄吉丁③的践踏而毁于一旦,然而,它们的死亡并不表示白蜡就此终结。老白蜡死去的地方,白蜡苗无处不在地生长。它们会一直长,像榆树苗那样,一直长到结出种子,花曲柳窄吉丁都来不及把它们也赶尽杀绝。因为花曲柳窄吉丁和榆小蠹一样,只向成年大树取食而对其造成破坏,可是随着大树的死去,它们自己的数量也会急剧下降,这样小树就赢得了生长和结籽的时间,结出的种子还会长成更多的大树。

我恍然大悟。自然界里,没有什么会真正死去。各种形式的生命体都在自我更新。相比"死亡","更新"才是最适合用于描述生命进程的词。如果我死于癌症,正确的反应应

---

① 护根,是用以保持水分、消灭杂草等的覆盖物,如稻草、腐叶或塑料膜。
② 在美国,植树节是一个州定节日,没有全国统一规定的日期。但是每年四五月间,美国各州都要组织植树节活动。
③ 花曲柳窄吉丁(又称白蜡窄吉丁虫、白蜡吉丁虫),成虫体铜绿或金绿色,一般要经过一到两年的幼虫期,在此期间,幼虫蛀蚀树干,破坏树木的输导组织,从而切断树木的营养来源,最终导致树木死亡。此虫源于亚洲与俄罗斯东部,在美国最先于 2002 年发现于印第安纳州弗里蒙特(Fremont)附近的一处宿营地,该地离密歇根与俄亥俄都不远。

是把我的血肉和骨头埋入地下作肥料,庆祝大自然获得了更新。

大部分待在树莓地的时间,我都只是坐在椅子上什么也不干,这却让我有了另一个迷人的发现。树莓正在开花,没多久我便发现各种各样的昆虫都来做客了。它们既是访花,也顺便传播花粉。最先来的是蜜蜂和熊蜂。这对我太有意义了,我还以为蜜蜂已经没了呢,农业新闻到处在给蜜蜂唱安魂弥撒①。可很显然,林中的那些树洞里还有一些野蜂巢。这事本身就值得高兴。我们周围的农场都在广泛使用威力无敌的化学喷雾,据说就是这样造成了蜜蜂(还有熊蜂)的数量下降;为此,从园丁到农业杂志的编辑和写书的作家,无不扼腕叹息。谁曾想,我们的蜜蜂却逃过了所有这些威胁它们生命的新型疾病与有害的化学物质。这给我们上了一课:对坏消息不用反应过激,哪怕是癌症。

接着我又注意到,其他种类的小昆虫也在树莓花间飞来飞去。它们到外边来当然不只是为了锻炼身体,也不是在欣赏风景。多数时候,它们都在啜饮花蜜,而在这个过程中,它们又都不自觉地传播了花粉,或许只传了一丁点儿,但是总会有些。这个发现太有价值了,因为人们还在为没了蜜蜂传粉而忧心忡忡地发表各种言论。我知道,人们驯化果园壁蜂传播花粉已经取得了一些进展。你现在都能在市场上买到它们了,连"蜂巢"一起买,这样好把它们养在里边(它们其实是独栖性无刺蜂)。大地种子公司就有卖,当然你也可以找到别的卖家。但现在的问题是,很明显,除了蜜蜂,其他昆虫也在辛勤地传粉,只是没人帮忙宣传。我兴奋地拿起铅笔与便笺簿把它们一一记下来,腿上还摊着本可靠的昆虫指南。我觉得自己在做的事可是一项重大发现(至少对我来

---

① 弥撒曲是天主教弥撒祭曲活动咏唱的歌曲。

说算是），这个发现的过程就能让我激动不已。一连好几个小时，我都把自己会死于癌症抛到了脑后。

给树莓授粉的昆虫里，最令人吃惊的要数一种长得有点儿花哨的林蛾。它身上有八个斑点，多为黑色，后翅上各有两个白色斑点，前腿呈耀眼的橘红色，前翅上各有一个明黄的斑点儿。它的翅展约为1.25英寸，所以看上去挺吓人，但它飞到哪儿也很容易看见。当然了，和鸟儿相比，虫子更容易让人靠近，观察它们也就更容易令人满足。昆虫指南上介绍了它的幼虫吃什么，但对长成的蛾以何为食却只字未提。人们普遍认为，许多飞蛾在其短暂的生命中什么也没吃，可是，如果说眼前的这只蛾不是在花尖儿上一点儿一点儿地喝花蜜的话，我倒真想知道它到底在那干啥。

色彩艳丽的传粉工还有红纹丽蛱蝶。昆虫指南只提到它的幼虫主食荨草和荨麻，仍旧没介绍长成的蝴蝶吃什么。它"扑拉扑拉"地扇着翅膀，从一朵树莓花飞到另一朵树莓花上，每次都把头埋到花瓣里，显然是在吸花蜜。我怀疑它每次传到另一朵花上的花粉都很少，但再少也还是有一些。

真正让我开眼界的是一对带金属色的蜜蜂——淡绿金属蜂和深绿金属蜂，之前我对它们几乎一无所知。它们比蜜蜂小，身体主要呈有光泽的金属绿色，真是"名副其形"。它们在树莓花上可谓兢兢业业——落到雄蕊上，俯下身子，用喙管插入花心吸花蜜，光这些个动作就能给它们的小腿刷上厚厚一层花粉。让它们传粉，事半功倍。昆虫指南我用的是《奥杜邦学会野外指南：昆虫与蜘蛛》(The Audubon Society Field Guide to Insects and Spiders)，因为这本书配有大量插图，而且相对便宜。指南里描述了这种蜂怎么像蜜蜂那样用花粉来养育自己的幼虫。但它们比蜜蜂漂亮，还不蜇人。

好些银星弄蝶会频繁地造访树莓花。它们也是为花蜜而来。通常，我们会在秋冬时节的百日菊上看到它们。飞来飞去的还有种灰色的小蝴蝶,以及一些小得像蠓但颜色却很鲜艳的昆虫,我都叫不上名字。偶尔飞过几只瓢虫,可能是在找蚜虫吃。一只蓝得发亮的苍蝇——我觉得应该是反吐丽蝇——竟然也来访花。指南上说,它们吃腐肉。可是查阅更多书籍后,我发现,某些种类的昆虫,同类里雌性和雄性的食物就大相径庭。就拿蚊子来说,雌性吸血,雄性则吸食花蜜。是的,你没看错。雄马蝇也吸花蜜,祸害牲畜的都是雌马蝇。说不定丽蝇也只是雌性或雄性喜食腐肉,也说不定雌雄两性都喜欢喝点儿花蜜当甜品。搬张椅子坐在花园里才明白,这儿有那么多我不知道的事,而且还有更多的事等着我去发现。

几只黑色和黄色的泥蜂也在花间飞舞,我很惊讶。还有一只白斑脸胡蜂。我猜,它们一定不喝花蜜,但书本却否定了我。实际上,靠吸食花蜜汲取营养的昆虫数目相当惊人。腿上没有小刷毛的昆虫可能没法在花朵间传播很多花粉,但总还是能传递一些。何况,就像我逐渐了解到的那样,昆虫家族如此庞大,它们的活动必然产生授粉作用。这么说来,还有啥好让我惊奇的呢?蜜蜂并非都原产于美国,显然,没有它们,大自然也会好好的。风才是自然界里最大的粉媒。于是我确定,近来我们对没有蜜蜂就没法传粉的诸多担忧都是因为孤陋寡闻才小题大做。我们对癌症也很可能如此。

传粉昆虫的知识还没学够,树莓花期就过去了。也许,这个主题的知识就是学不尽的。我相信,就算在这个花园里坐上一辈子,对这儿发生的一切,也只能学到皮毛。但是,若借着治疗的名义,又怀揣一颗好奇心,那么不用奔波一英里,也无需艰苦劳动,任何人都能在这儿成为下一个爱德华·奥斯本·威尔森①。

化疗会削弱我在花园里收获的兴奋，即使这样，那份激动也还是让我的心态积极了起来，这自然有助于我对抗癌症，而它的作用远不止于此。花园疗法还让我保持了写作的欲望。我开玩笑说，化疗可能含有某种麻醉剂，因为它总能激发或者增强我的创作冲动。许多作家就相信某些毒品对他们有那样的功效，而一些接受化疗的病人则使用医用大麻来缓解不适。这些天，我在《纽约客》②上读到一些超级晦涩难懂的诗，我猜写诗的人是不是既接受了化疗又使用了毒品。

癌症没让我懈怠歇笔，反而使我愈加笔耕不辍，就像一棵树，虽然树皮被猛砍乱割已经伤痕累累，它却一心只想结出更多的果实。面对死亡的威胁，作家和苹果树一样，吓得只想抓紧提高产量。不断敲击键盘不需要太多体力，我的脑海也似乎充满了临终时的戏剧场景。我知道不少作家都近乎疯狂地坚持写作，直到临终都没放下手中的笔（他们是接受了死亡，还是在与死亡抗争？）写作的秘诀在于把万事万物都当成戏剧，无论它们多么寻常普通，多么平淡无奇。无疑，死亡便是这世间万物里最具戏剧性的事。我们这些可怜人，就喜欢在纸上把字母码成一行又一行，就喜欢让字符在显示屏上一个劲儿地往前奔——跟瞎马临池一样。死，是绝佳的写作主题，唯一遗憾的是，佳作需要"体验"。这就有点

---

① 爱德华·奥斯本·威尔森（Edward Osborne Wilson），是美国当今著名的生物学家、生态学者，致力于改善人类经济开发与自然生态复育两者之间的平衡。他荣获过全世界最高的环境生物学奖项。

② 《纽约客》（*The New Yorker*），也译作《纽约人》，是一份美国知识、文艺类的综合杂志，内容覆盖新闻报道、文艺评论、散文、漫画、诗歌、小说，以及纽约文化生活动向等。尽管《纽约客》上不少的内容是关于纽约当地文化生活的评论和报道，但由于其高质量的写作团队和严谨的编辑作风，这份刊物在纽约以外也拥有众多的读者。

儿难了。

有能力(其实是有压力)继续写作对我的疗效真不错,我的写作主题则让疗效更显著。大自然在花园和农场上气象万千,我便主要围绕它们展开话题——它们可是了不起的老师,教会了我接受死亡。不过这种疗法对我的康复有多大作用,谁能说得清呢?

不管怎样,这一天还是来了。经过半年的化疗,我和卡罗走进了医生的办公室,惴惴不安地等着宣判。我们刚进办公室的时候,主治医生还没来,不过他的助理在那儿,脸上还挂着一副灿烂的笑容,神采奕奕。她没有义务把我的情况对我们讲得一清二楚,但是她也没必要什么都不说。她只说了句"我们真的有好消息要告诉您"。的确是好消息,癌症缓解了。但我还需要接受两年的治疗,每隔一个月一次,而且不是化疗,只是做一些类似复查巩固之类的治疗,如果查出癌细胞复发,就再把它们干掉。

医生们判断,我无论如何都还能多活上几年,而且再死就不是死于癌症喽,可能会死在一个怒气冲冲的共和党①人手下。反正,我肯定不会死在我那年老的考力代②公羊手里——它想杀我可不止一回了,于是没等它得手,我先把它给解决了。

第二天,我和卡罗在历经三小时的大堵车后终于回到了家。我讨厌堵车,就像讨厌癌症一样。有家的宁静包围,我感觉自己仿佛已经死去来到了天堂,特别是在连嘬了两口波旁威士忌后,我更感觉飘飘然。这酒又变得好喝啦。现在正

---

① 美国共和党(Republican Party)是美国轮流执政的两大政党之一。
② 考力代羊是一种产于新西兰和澳大利亚的毛肉两用绵羊。

当我最喜爱的五月。需要修剪的草坪上铺着一大片黄色的蒲公英①和紫色的紫罗兰，很是壮丽。同样壮观的还有我们家四周的这一整片树林。我们打开信箱(如果儿子已经把母鸡放出来了,这就是我们回到家的第一件事)，各种单子里有一张版税支票，上边的金额比过去的要多。我和卡罗看着彼此，好像两人一起刚刚打了场胜仗。她的双眼再次闪烁出幸福的光泽。在这珍贵的时刻，我不禁想到：或许我该得这一场癌症，它让我明白，我的生活曾经多么的美好，而这美好的生活，还没结束。

---

① 这里指的是花朵为亮黄色的药用蒲公英(又名西洋蒲公英)。

第三章
## 永远到底是多远

"永远"到底是多长时间,我在九岁的时候就差不多搞明白了。那时,我们的农庄坐落在沃泊尔溪谷里,家里的猪则放养在马路对面的田间,我呢,负责给猪喂点玉米作补充。办法就是用两个五加仑的桶拎过去,一手拎一个。但我想了个小游戏,我把玉米棒排列在我的左手臂上,先把第一根放稳在臂弯,再一根根排着放,一直排到手指尖。排第二层的时候,把每根玉米棒码在第一层两根玉米棒的间隙上,这样往上多垒几层,就跟砌金字塔似的,一直垒到放不下或者我的手臂抬不动了为止。要玩好这个游戏可不是光有蛮劲儿就行,它更讲究的是平衡。记忆中,我的最好成绩是堆了十九根玉米棒。(人到八十,九岁的事倒比七十九岁的事还记得多得多。)可是这一天,我的平衡不给力,没等我用右手扶一把,左臂上的玉米棒就全部撒落在地。

"该死。"我说道。这是我第一次说粗话,不可掉以轻心。我自幼便接受严格的天主教教育,诅咒在教义里可是有罪的,至少对于1940年还是小孩的我来说是有罪的。(我一直搞不懂为什么男人就可以咒骂,甚至连我圣洁的母亲也可以说"呸"。)但是,我也没太担心,因为我已经学会巧妙地钻天主教条的漏洞了。诅咒只不过是可以原谅的小罪,如果我犯的是不可饶恕的弥天大罪,并且到死都没向神父忏悔,那才会直接下地狱。下地狱可不得了,会永世不得超脱。

通常,我对宗教教义的反应和大多数男孩都一样。它们在我的耳朵里听起来就像是八月的蝈蝈和知了,整个午后都"嗡"个不停,吞噬着寂静。我能听到每一个词的发音,那是我熟悉的文化环境,但它们对我却没有任何意义,我听不懂。可是这回,不知为什么,在说了脏话后的特殊时刻,我竟满脑子都是永久的地狱,内心充满了恐惧:下地狱会永世不得超脱,地狱没有尽头。噢……我的……天呐!没有尽头!假如人们真能知道地狱里的不灭之火究竟会焚烧多久,就没人敢犯弥天大罪了。下地狱的结果实在很可怕。一想到永远可以持续这么久、这么可怕、这么难以想象,我就瑟瑟发抖。接下来一年左右的时间里,我都战战兢兢,生怕自己下地狱。我小心翼翼地生活,确保自己没杀任何人,没抢劫银行,甚至没做一件"坏事"(这样说比较委婉,而且小时候我也还不知道有"手淫"这个词儿)。但我知道那是坏事,因为身体下边两腿间的东西火辣辣的。想想都是一种罪恶。

"可是你怎么能不去想呢?"我问神父。

"你不要老去想。"

"可是如果我使劲不想,那刚好说明我在更使劲地想,不是吗?"

"你必须学会转移注意力。世界上还有很多更有意思的事可以好好想想。"

"哦。"

现在,我瞪着不听话的玉米棒,想起了几年前牧区神父对我们说的那番话。那时候,他自己就是个神一般的人物,对我们说话时,满口的辅音都带着日耳曼腔(他就出生在人人称之为"古老国家"的地方),像屠夫砍肉似的把英语砍成了碎块。但他特别擅长和小孩们聊天。"你想知道永恒是多长时间吗?"他在教室前边问我们,"想象一下,有一块非常坚硬的岩习(石),大得和整个细界(世界)一样。再想象一下,有机(只)小小鸟,每一百万连(年)才会落在这块岩习(石)上磨它的小嘴巴。等岩习(石)被磨到看不见的习候(时候),永恒才康康该喜(刚刚开始)。"以前我用神父的这个比喻来描绘天堂,可现在,盯着不愿乖乖待在我手臂上的该死玉米棒,我用它来想象地狱。不,没人配得上"永恒",希特勒也不配。

后来,我发现,对于可怕的"地狱之火永不熄灭",学校里的其他孩子竟是如此无所顾忌。他们一边听着修女讲教义,一边想着更重要的事,比如,玛莎·皮博迪突然鼓起的胸部;或者,休息铃什么时候才响;再或者,乔治·史密斯是不是真的会像昨天发誓的那样把乔伊·库兹打得屁滚尿流。我敢说,天主教义对他们来说压根就是水过鸭背,可他们许多人却到死都相信那些奇奇怪怪的概念——玛利亚啦,上帝之母啦,又生了一个上帝啦,或者也许就是同一个上帝,尽管她还是处女。而且,她到临终的时候又没真的死掉,而是升啊升啊,被天使们拖拉抬举送进了天堂。也许我对"童贞处女"的理解有点儿幼稚,但作为一个乡下男孩我都知道,如果一头母牛身边没有一头公牛在那儿转来转去,她可生不出小牛。天使们看起来也有点儿神秘,有点儿像超人和圣诞老人。人人都知道超人和圣诞老人是想象出来的,可人人都坚信这世上真有守护天使,尤其是那个不知怎么就说服了乔治·史密斯的天使——要不是有守护天使,乔伊·库兹怎么没被打得屁滚尿流呢?

我会带着疑惑去缠我可怜的母亲。

"玛丽·弗朗西斯修女说,不管过去还是将来,上帝一直都在。"我也许会这样开个头。

"是——是呀。"她会点点头,但声音里却已经有了一丝警惕。

"那他怎么会有妈妈呢?"

"他儿子有妈妈。"

"可他儿子不也是上帝吗?修女说的。"在我的心目中,修女的话总是比教皇的话更有分量。

"嗯——是——是的。"

"如果上帝没有开始也没有结束,他怎么会有个妈妈?"

"这都是奥秘。你得有信仰。你不是应该在谷仓里干活吗?"

我没因为这些奥秘而继续烦恼,因为每次有困惑,想着想着,我就想累了,然后,我又能找到一个新困惑来想。过了一会儿,就连地狱之火,我也想得没劲儿了。

## 第四章
## 母亲坟头的双领鸻①

都不知道跟她说了多少回,叫她不要爬到干草堆上去扔干草给小牛吃,母亲偏不听。不管谁叫她悠着点儿,她都不听。叫她不要怀了孕还提大桶大桶的饲料去喂鸡,她不听,多少年都这样;叫她不要背疼的时候还去花园锄地,她不听;叫她不要在肾盂肾炎②复发的时候还早上五点起来挤牛奶,她也不听。她都不当回事。她瞧不起身体软弱的人——意志软弱也不行。她从不允许她的孩子们无精打采地到处瞎转悠,还自己在那唉声叹气。"等你们长大遇到真正的麻烦事,你们才知道什么叫崩溃。"母亲如是说。说完,她会安排更多事情来给我们做。

于是,她又独自爬到了草堆上,可能还一边唱着歌(她总是在唱歌)。58岁的她爬起谷仓里的梯子来,身手敏捷得像个17岁的姑娘。可这回出事了。没人知道怎么回事,她在草堆边的一个地方失去平衡摔了下来,脖子断了,死了。

但事情没那么快。她可不会轻易放弃。她倒在厩肥里,

---

① 双领鸻,迁徙性鸟类,具有极强的飞行能力,分布于美洲地区。背褐色,腹白色,胸有两条黑色带。生活环境多与湿地有关,离不开水。
② 肾盂肾炎,为尿路感染的常见病,是由致病菌感染直接引起的肾盂、肾盏和肾实质的炎症。

动不了,也喊不出声。是父亲发现了她,当时,我家的狗还在舔她的脸。她小声说,蒂莉舔得很舒服。

许多年过去,我还是不愿回忆这件往事。我不懂父亲怎么就接受了这个事实。我实在想不通。我只想拥抱父亲,用爱让他淡忘这件伤心事。可是,他承受住了,我的兄弟承受住了,我的七个姐妹都承受住了。因为母亲曾教导我们:你能承受住任何事情,因为你别无选择。

在医院的时候,医生们往她的脑袋里打了根钢钉,连了个牵引砝码①,这样她的脖子就不能乱动而发生再次损伤。整个过程,她只是抱怨他们拿走了她的假牙——我们这些子女没一个知道她戴了二十年的假牙。她的头发也得剃掉。这一剃,使她显得变丑了,我却第一次看出来,她长得真像她父亲。

外祖父也从不放弃。84岁的时候,他拆毁了他的轻型小货车,自己却能安然无恙地走开,但从那以后,家人再也不让他从镇上的家开车到他村外的农场了。他只好走路去。到了90岁,他糊涂了,乱走,走丢了。他们就禁止他离开家。他只好悄悄溜出去。最后,他们把他的鞋拿走了。那是他们唯一可以阻止他踏上自己土地的办法。

我还记得埃德·海塞,那个雇过我的明尼苏达州的老农民。他临终时躺在床上,浑身是病,还有癌症,但就是死不了。他老是从铺盖里伸出他那条健康的腿,把床的围栏撞得"砰砰"响。"瞧,"他说,"我身上还有块好地方。"

现在轮到了我的母亲。她躺在医院里一个星期了,就是不肯放弃。她腰部以下都瘫痪了,只是她不承认。

"你看,吉恩,"她说,"我的手多能动,看,我拳头握得多

---

① 当颈椎因内外原因造成损伤或慢性病变而导致颈椎不稳定或移位时,可以采用颅骨牵引术使颈椎固定及复位。牵引砝码便是骨牵引中需要使用的工具。

紧。"我总配合着把一根手指放到她掌心,然后她就会用力去握。她没法扭过头去看她的手了。那只手曾经把九个孩子拉扯大,握过无数把锄头、干草叉,把过无数台拖拉机的方向盘,给数不清的奶牛挤过奶,可现在,连我松松的一根手指头都握不住。

但是,她坚持练习——整个白天活动手臂,整个晚上也活动手臂。我们能看出来,她在有意那么做。她的双手会颤抖,握紧拳头,张开,再握拳。即使说话的力气都没了,她的手指头也还在战斗。

最后,她向我们所有人宣布,她给自己定了个目标。她郑重地说,等到春天,女儿罗伊生了小宝宝,她就要坐在轮椅上抱外孙。她反复念叨这件事。这也是她对我说的最后一件事。

故事没有就此结束。老农民就像老战士一样,永不会死。他们每踏上一块土地,他们不可战胜的精神就会在那片土地上永垂不朽。我是怎么知道的呢?

母亲的葬礼之后,每天都是灰色的;灰色的日子又长又难过,不堪回首。她在过去给我们打气的那句话却成了我们当时唯一的支柱:"等你们遇到真正的麻烦事,你们才知道什么叫崩溃。"那时,我家在费城郊区,我则出门在外,走南闯北。以前,不管是在芝加哥、圣路易斯,还是别的什么地方,只要我拿起电话打回家,总能在电话那头听到她的声音。可现在,就算我这个寂寞的游子拨通了长途电话,电话那头也再没人接听了。父亲虽然住那儿,但他总是在什么地方干活;姐妹们也住附近,但她们经常外出。我终于承认,母亲死了。她再也不在家接电话了。

一天,我可以回公墓去看看。早春的俄亥俄州田野,一片平坦,点点绿意。我走向母亲的坟墓,等着所有深埋的悲伤像犁地那样被再一次翻遍。公墓的瘆人景象都差不多,静悄悄的墓地里全是花岗岩与鲜花,地上的活人脚踩尸骨,地下的尸骨又变成泥土。想到这些,我心烦意乱,绝望透顶,可这种心态却好像是为我在母亲坟墓那儿得到新发现做准备——我的新发现根本没法用逻辑来检验。

我发现了什么？一只鸟,一只双领鸻,孵着一窝鸟蛋,就在母亲坟头。我一靠近,它就拍着翅膀飞开,尖叫着保卫它的一窝子女。它假装自己受伤了,企图把我这个入侵者引诱开,不想让我伤害它誓死都会保护的小生命。

母亲很爱双领鸻——她把我们的农场叫作"双领鸻家园"。我微微一笑,顾不上看墓碑,弯下腰去检查鸟蛋。这倒把双领鸻激怒了。它向我发起了进攻,却在距我一臂之遥的地方停了下来,好像是气得跺脚,那样子和母亲过去生气时一模一样。我不由自主放声笑了起来,笑声打破墓地的宁静,回荡在空中。我的孩子们陪着我,却搞不清状况。他们只看见一只鸟和草里的三只鸟蛋,而我却看到了母亲的精神,呼啸着保卫天地万物,把她的坟墓也变成了绿色的生命摇篮。

## 第五章
## 大理石墓地也可以是果园

成长过程中,我们把公墓叫作"大理石果园"。起初一两回我还认为,这个叫法很滑稽,后来才发觉,"果园"这个词用在墓地身上还真贴切。许多公墓都林木葱茏,可不就是绝妙的小树林嘛。几年前,我们这儿的公墓刚动工的时候(至少是在郊区),别说农民,就连城里人都没几个觉得自己会花钱花时间买来奇花异草,在房前屋后种上一圈;但是,每个人都赞成把逝者的家园打造成不折不扣的植物园。另外,逝者的家园向来被尊为神圣的地方,永远都不会被骚扰。这样,它们还会变成长期的保护区,里边不仅有罕见的观赏植物,也有奇特的本地野生草木。植物们要是不在那儿,就会在别处遭受农业和工业的摧残。

我陪温德尔·贝里散步那次就看到了一个公墓保护环境最戏剧性的例子。当时,我们经过他常去闲逛的地方,去看一个很小却很有年月的拓荒者公墓。它已经被废弃了。温德尔把我带到那儿去有他的原因,但他没说,也没必要。这个连一英亩都不到的微型公墓,单独从一块垦种了一百多年的田地里突出来。它真的很"突出",足足高出周围的田地五英尺,活像一个墓碑成林的孤岛。周围的田地土壤都遭到了侵蚀,孤岛却由于受到"保护"而幸免于难。我没留意孤岛上是否长了什么稀有的本地植物,因为当时我觉得没这个可能。但可以肯定,公墓保护下来的土壤是块处女地,里边有许多微生物。对此,周围裸露的底土①只有羡慕嫉妒恨的份儿。这块地也许还一直特别肥沃,因为在这个公墓下葬的逝者,很有可能都只是躺在木质的棺材里,这样尸体腐烂后就都会分解成腐殖质回归土壤。不像今天,死人被装箱密封在墓穴里,想分解回归都不容易。

受到保护的处女地,罕见或奇异的景观植物以及偶尔的本地先锋物种②可以联手把公墓变成一块磁铁,吸引来大批野生物,把原本毫无生气的石墓碑林当作它们的庇护所。墓地再也不单纯是墓地,成了庇护所也成了花园。再费点儿心思,兴许还能带来实际收益,成为大有裨益的花园,地下多么死气沉沉,地上的花园就有多么生机勃勃。

那花园里会有怎样的故事呢?前不久的事就很能说明问题。离我家几英里的橡树山公墓里长着许多老铁杉。铁杉树并不是这片地区土生土长的树种,所以它们才会在许多年前被人种到这里来——人们总是用格外特别的东西来缅怀先人。既然是引进的,它们在这儿的数量就不太多,可以一次结出大量种子的老铁杉就更少见了。2009年的冬天,观鸟人发现,铁杉树上有许多白翅交嘴雀③,这种鸟在这样靠南的地方可不常见。它们以铁杉种子为食,通常情况下,它们栖息于美国以北盛产铁杉种子的加拿大森林里,它们就

---

① 底土,一般位于土层表面50—60厘米以下的深度。受地表气候的影响很少,同时也比较紧实,物质转化较为缓慢,可供利用的营养物质较少。一般也把这一层的土壤称为生土或死土。

② 先锋物种,生态学中的一个概念,指一个生态群落的演替早期阶段或演替中期阶段的物种。先锋物种在生态恢复中被使用,对于一个受到破坏、丧失原有动植物群落的环境,先锋物种在破坏后较早出现且相对容易生存。

③ 白翅交嘴雀,栖居于温带森林,冬季结群迁徙,飞行迅速而带起伏,倒悬进食,用交嘴嗑开松及杉的种子。

在那儿筑巢安家,觅食繁衍。它们的嘴侧交,可以轻松地从球果中嗑出种子。鸟类学家们认为,白翅交嘴雀到南方来是为了觅食,因为加拿大的铁杉结出的球果有点儿供不应求。有好一阵,人们为一睹橡树山的奇观,就像那些观鸟者一样,从四面八方(有的甚至从其他州)赶来。这情景还颇为新鲜。观察白翅交嘴雀可有趣了,它们不像其他大多数鸟儿那样怕人,可能它们在遥远的北方家乡就见不着什么人,所以也就不会怕人。铁杉林枝叶掩映,小雀儿倩影难寻,可是只要球果"哗啦啦"落地,它们就会成群地飞扑下来抢食。这时,我就可以径直走到离它们不过十英尺的地方,它们也很少会飞走,顶多并齐了小脚蹦开个几英尺。

这件事带给我的欣慰异乎寻常,因为这勃勃的生机下长眠着我昔日的旧相识和老朋友,还有我祖祖辈辈的先人。有意无意间,随着公墓变身为美丽的植物园,活着的人更愿意到这儿来与故人相伴,永生之歌绵绵不绝,共舞之步曼妙不歇。某种意义上说,公墓已经变成了永恒花园。

我喜欢到公墓去。首先,那里通常不用特殊批准就能自由出入;其次,它们几乎总是那么静谧,我可以一个人在那儿静静心,休息休息。我会在那儿把割草机够不着的边边角角都仔细检查一番,还有篱笆和围墙底下,也许都藏着稀有的草原植物。我经常到古老的墓地去追踪某些家族的历史,或者,寻找刻有民俗艺术图样的老墓碑。墓碑不仅承载历史,也记录传说。我们这儿的公墓里埋着一个女人,据说她是被谋杀的,但又没人因此被指控。故事传开来,说她的身影会浮现在墓碑上,缠住杀人嫌疑犯。我当然得去一探究竟。果然,在打火机摇曳的火光中,花岗岩墓碑上的岩石纹路很像一个女人披头散发的轮廓。只要充分发挥想象力,那个身影就更真切,连她的头发都在风中张牙舞爪。这个"障碍错觉"(我的一个邻居喜欢这么叫它)神乎其神,乃至人们为了

"一睹芳容"蜂拥而至,结果由于人实在太多,那块墓碑为免遭恣意破坏而不得不迁到别处。真可惜。墓碑和它的传说不过是在发挥墓地应有的作用;它们使生者因为逝者而相聚,有关逝者的记忆也因为这样的相聚而常聚常新,成为一种永垂不朽的回忆,而这种不朽的回忆对谋杀案的受害者来说也许更该延续。

成就不朽还有一个更切实际的办法,那就是为死去的人塑造雕像。希腊人把这个主意变成了艺术制造产业。米开朗基罗就使大卫成为了不朽①,而大卫却从没真正存在过。我们橡树山公墓最高的塑像让大卫·哈普斯特成为了不朽,这可是一个真人。他是个拓荒的农民,曾经从俄亥俄州赶着牛羊出发到很远的城市去,比如巴尔的摩和费城。这个成功的牛仔后来被誉为"世界羊毛之王"。为了在墓地给自己竖起好几层楼高的雕像,他卖掉了自己的一个农场,反正他有的是农场。只要你知道那是他的雕像,一英里外都能看见"他"。我每次路过都会向"他"挥手,因为哈普斯特和我一样,是个非常固执的农夫。他为了哄妻子开心,最终同意晚年时接受洗礼。人们说牧师不得不把他浸入水中三次才施完礼,因为前两次他从水里冒出来的时候都骂了脏话。

今天,雕像也有了现代化的形式:把照片永久地压印在墓碑上。有一次,我带孙子们去橡树山公墓,想让他们认识认识自己的祖先。我们经过一个年轻人的墓碑,那个人他们刚巧认识。石碑上镶嵌的照片很华丽,照片里的她栩栩如生地注视着我们——她可不就在那儿么,几乎跟真人一样。男孩们看到照片不但没感到安慰,反而慌张了起来,坚持马上离开墓地。

时下,人们因为渴望不朽,在墓碑表面装上了某种电子

---

① 此处指文艺复兴雕塑巨匠米开朗基罗的代表作《大卫》雕像,它被视为西方美术史上最优秀的男性人体雕像之一。

设备。科技手段高明到像我这样单纯的作家是完全看不懂的。他们告诉我,到墓地来的人只要用手机或者类似的装置启动设备,墓碑屏幕上立马就会蹦出墓主人的生平事迹、照片以及其他值得纪念的相关资料。

我就纳闷了,我的孙子们看到墓碑上同班同学的照片都吓得直哆嗦,如果还用千奇百怪的方法延续心爱的人的生命岂不更加徒劳而恐怖?这些努力不仅不会给生者带去真正的慰藉,还会使他们感到不安;它们根本无法让人得到想要的满足。这就像——我敢打赌,那些阔佬真肯花钱这么干——制造出同逝者一模一样的机器人,让它像那个心爱的人生前一样继续活下去。想象一下,我开车经过老房子,然后看到妈妈在给花园除草——鸡皮疙瘩洒落一地。

"嗨,妈妈,最近好吗?"

"我—不—是—妈—妈。我—是—机—器—人。"

她的程度,我是说它的程序必须得设置成是那样回答,否则真假难辨就麻烦了。到时候,真正的活人都必须借助智能手机来判断大街上与他们擦肩而过的到底是代替死人的机器人还是活人。用不了多久,还会出现一个个"离世村",或者"公墓村",专供机器人生活——我的意思是,它们在村子里走来走去。维持机器人的生活得斥巨资,就算阔佬们把收入的90%都拿来交税,社会也仍然负担不起。

真正让逝者重归现实生活的办法是任其身体腐烂分解。我一直在想,接受这个真相不是更令人欣慰吗?难道看见自己母亲的坟上长出一棵树,你不觉得更欣慰?如果我能和那棵靠母亲的腐殖质滋养而生长的树说话,我一定会感到更加自在和满足。这比和机器人,或者和雕像,甚至和墓碑说话感觉好多了。或者,在母亲身体变成腐殖质的那片草地,想办法让双领鸻筑巢安家,这个主意怎么样?我就和那样的双领鸻说过话,它们还回我话了呢。

我有许多非常喜爱的歌曲,《请将我埋在孤单大草原》就是最爱之一。思考公墓两用的问题使我对葬法本身也特别好奇。到底是谁需要豪华棺材?当我得知墓地两用和简易安葬正是目前世界各地普遍的做法时(也就是说,这是常识),你可以想象落伍的我有多窘。如今,相当多的人选择"绿色葬礼"或者自然安葬,于是就有了非常多的公司来满足这样的需求:逝者可以只包裹裹尸布下葬,也可以选择用柳条、海草这类能快速在土壤中降解的材质制成的棺材下葬。新型丧葬仪式的倡导者还引用了数据来说明传统葬礼的劳民伤财,这些数字具体内容不同,但却告诉了我们,因为丧葬,我们平均每年会用掉9万吨钢质棺材,1.4万吨钢质墓穴,2700吨青铜和红铜棺材,163.6万吨钢筋混凝土,以及约80万加仑的尸体防腐剂(这种液体主要成分是甲醛,对自然界的土壤微生物而言,有毒)。

其实,许多种文化采用的都是简易葬法。正统的犹太教徒不会对尸体作任何防腐处理。伊斯兰教义也提倡用裹尸布简单地埋葬亡者。英国则有"农夫的田间墓地":农场的一块田地会因为农场多元化经营管理而被预留出来,为那些希望死后直接埋在田里自然分解的人提供实践想法的场所。林地也逐渐被用作自然或生态安葬。人的遗体能为树木提供肥料的想法现在也普遍为人们所接受。

辛西娅·比尔是投身于这个领域的先驱之一,我有幸通过神奇的互联网认识了她。2004年,她创办了自然葬礼公司(当然,该公司仍在营业),供应自然安葬的必需品。你能想到的东西,这儿应有尽有。但我敢说,也有一些是你想不到的,比如,使用天然材质编制的易降解棺材。辛西娅说,创业初期,谷歌上有52个同类条目,到2012年,就变成了98,000条,而且这个数字还在不断增长。现在,她在俄勒冈州立大学任教,开设可持续公墓管理课程,为这个方向培养学生与专业人士。"我们想比对和研究全球的信息,将它们整合成一个体系。"她说,"这样,我们就能在公墓实地工作人员和那些能做必要研究的科研人员之间架起一座桥梁。我们能让实习生到公墓工作,培养新一代的管理人。无论是普通城市的公园管理处负责修剪草坪的工人,还是自然栖息地的园丁,都可以成为管理人。"她还正在写一本书,她希望将来出版的时候,书名能叫"做一棵树"(*Be a Tree*)。她在书里阐释了将简易自然的安葬理念融入现代社会时会涉及的种种细节与挑战。

我认为,想要改变当今人们对丧葬的一般认识会是一个非常缓慢的文化过程,可辛西娅却不同意。"我倒觉得会来得很快,也就二三十年吧。不说别的,单单经济就会让你不得不变。我们现在这么个葬法,钱包受不了,环境也受不了。宗教信仰也不见得会是障碍。那些想要自然安葬的人通常都有虔诚的信仰。我知道基督徒就不反对自然安葬。我们的大多数来电不是咨询产品信息就是想从圣经地带①购买自然葬产品。"

也许她是对的。我还年轻的时候,火葬对天主教徒来说根本就不可能,可现在却被普遍接受了。事实上,许多人都认为火葬很"自然",因为焚烧后留下的骨灰常常可以根据逝者的遗愿被直接撒在某个花园、农场或者某个水域里。有时,骨灰会简单地盛在一个瓮里,或者直接撒在地上,埋在心爱的人身边。

制作木乃伊是最早用来减缓尸体腐烂分解的一个方法。第一批木乃伊是自然风干的产物——干燥的气候下,分解被

---

① 圣经地带(Bible Belt),是美国俗称保守的基督教福音派在社会文化中占主导地位的地区。在美国,这个称呼特指美南浸信会为主流的南部及周边地区。这个名词的来源是,这些地区的人特别注重从福音派这一新教宗派的立场来诠释《圣经》。

自然地延缓。考古学家们推测,土葬也许正因如此才应运而生——为了避免在非常干燥的气候下,地面上会横七竖八地堆积大量干尸,人们想到了土葬,一试,果真实用。

中世纪(以及许多更古老的文明)的修道会里,修士也许觉得,制作木乃伊太麻烦,还不如任肉身腐烂然后只保存骨头来得可行。于是,一间又一间的房子都被整个用来储存遗骨。我试着在今天想象那种传统。说不定我也能这样纪念母亲:在电视机前放把椅子,让她的遗骨舒舒服服地坐那儿——这画面倒可以嘲讽看电视还要收费。

中世纪时保存遗骨就像今天保存机器人一样不容易。给你说说教皇①福尔摩苏斯②那段几乎令人难以置信的故事吧。那是在九世纪末,他看上去已经是个很不错的人了,但还是被卷入了当时的政坛风波——彼时的梵蒂冈(Vatican)完全就是个政治实体。他还是主教③的时候,"反福派"实际上就已经把这个可怜人的全职免了去。等到"亲福派"掌权后,他又重获支持,被选举为教皇。在他死后,他的政敌再次掌权,从坟墓里挖出他的尸体,把他身着教皇礼服的尸骨支撑在教皇法座上讲行审判,还撤销了他颁布的所有谕令,最后把他投尸台伯河。(这些可没一句是我瞎编的。)历史上把这次审判称为"僵尸会议"④。有个修士把福尔摩苏斯的尸体从河里打捞上来,体面地安葬了他。故事因此又有了下文。"亲福派"恢复执政后,再次把这具可怜的尸体推到了

---

① 教皇(教宗)为天主教会最高领袖,梵蒂冈国家元首,当选后终身任职,不可罢免。在神权上,教皇同主教等同。

② 福尔摩苏斯(Pope Formosus),罗马教皇,816—896年在世,891—896年在位。

③ 主教为天主教、东正教的高级神职人员。职位在神父之上,通常是一个地区教会的首领。

④ 僵尸会议(Cadaver Synod),又称"僵尸审判",作为中世纪教廷最为骇人听闻的片段之一而被载入史册。

大众视野的中心——他们在罗马圣彼得大教堂以最高殊荣对其予以厚葬,并宣布福尔摩苏斯生前颁布的全部教令都有效。让人无法相信的是,当另一派重获大权后,他们竟然再次挖出他的尸骨,还砍掉了他的头!老福尔摩苏斯虽然没真正永垂不朽,但我看也差不多了。我巴不得好莱坞赶紧发现这个故事,好让他更加不朽。

与此同时,我继续畅想着未来的公墓,到处都是水果树和坚果类果树,还有观赏植物(它们有一些结出的果实也能吃),或者,还有些节日的装饰,比如松果和苦甜藤。公墓入口会有个农民市场,专卖墓地果园富余的果实。墓地里总有些树会因为太老而需要撤换掉,这时,老树们就能作为燃料,或者用来做木工艺品。我想象着自己的一大家子一边捡着从祖母坟地的树上掉落的山核桃,一边回味她用它们做出的美味馅饼。墓地中心是个气象站,只有在这样自然的环境中,才能测出精确的地区气温,飞机场和屋顶可都办不到。我们怀着最崇高的敬意安葬逝者,但我们用最简易的方式将他们安葬,这样能让他们快速分解。火化遗体得到的骨灰可以撒在地上,也可以浅埋于地下,反正都能给土壤增肥。如果真有一只双领鸻在你母亲的坟头上筑巢,我说,让她以这种方式不朽,难道不是好上百千万倍吗?

第六章
啊，令人梦寐以求的长生秘诀

在谷歌上输入"长生秘诀"几个字，顿时会弹出超过一千万条的搜索结果。当然，有许多是重复的，但主要是各宗各教的道法教理，考古学家倒是可以把它们深挖细掘一番，因为它们的历史还真够悠久的。不过，还有相当一部分搜索结果是有科学根据的理论和信念。看来，在追求永生这件事上，尽管宗教与科学这两大阵营都不愿承认，但他们彼此的原则理念还是挺相近的。

"科学"长生的方法有如长生一般看不到尽头。比如：克隆人；大把大把地吃生洋葱；吃巨多的巧克力；接受再生疗法；做全身移植；在DNA里植入玛土撒拉基因①（冰岛生物工艺学家宣称已经发现了它们）；尽享性高潮，多多益善；一辈子都在一个塑料保护泡中过；佩戴古埃及时期的安卡②护

---

① 玛土撒拉基因（Methuselah gene），是一种长寿基因，可以保护人们免受吸烟和不健康饮食的影响，还能把与老年相关的疾病（例如癌症和心脏病）推迟三十年。玛土撒拉是《圣经》中所记录的最长寿的人，活到了969岁。

② 安卡（ANKH），又称安可，即通常所说的"生命之符"，是上部为一圆环的十字形饰物。生命之符在古埃及的墓地和艺术中常常出现。古埃及人以生命之符作为护身符。

身符(管它是啥呢);炼金①嬗变(更管不着啦);研究干细胞;维系美满的婚姻;享有和睦的家庭;模仿水母、扁虫和细菌的自我再生;采用人体冰冻法——一死就冷冻躯体,等长生的秘诀发现以后再解冻复活。一千万条里我一条条地看,看到三百多条就精疲力竭了。很明显,我们人类最大的兴趣还是如何才能永生,尽管我们同时在以灭绝种族的态势大规模地自相残杀。

就在我写这本书的时候,另一个追求不死的宏伟计划正在紧锣密鼓地筹备着。新闻里铺天盖地都是俄罗斯亿万富翁德米特里·伊茨科夫的消息。他带着大概三十位科学家一块儿发起了"2045计划",旨在三十年内实现人类永生。这帮"不死同志"毅然要实现这个目标,采取的办法就是坚持不懈地对人类进行升级(如果他们钱够多,这个升级工作就能变成例行公事持续下去,不过也没准医保②会帮他们报销),把人类变成仿真机器人或类似于阿凡达③的化身人。改造升级的过程就有点儿神秘了,真人的人格面貌会被"上传"到仿真机器人体内,机器人则成为主人死后的"化身"并延续主人的生命,这样人类就能成为"不死之身";或者,这个"化身"至少能活到机器人自相残杀的时候;再或者,能活到小行星撞地球,大家全都玩完那天。伊茨科夫先生还呼吁一千多个亿万富翁与他携手资助这个计划。到时候,他们所有人不仅都能像计划宣传里说的那样获得永生,还能从类人机器人这笔买卖里大赚一笔。有这种诱惑,亿万富翁怎么也得为了经济而团结宗教人士和科学家,联合两大阵营一起研

---

① 炼金术是中世纪的一种化学哲学的思想和始祖,是现代化学的雏形,其目标是通过化学方法将一些基本金属转变为黄金,制造万灵药及制备长生不老药。

② 指美国由政府资助的老年人医疗保障制度(Medicare)。

③ 《阿凡达》是2009年上映的一部美国科幻史诗式电影,电影标题"阿凡达"指的是经过基因改造而能为部分人类所控制的纳威人身体。

究长生不死。

健康杂志既没明确承诺保证让你永生,也没明确否认不能让你永生。那些专业养生指南背后,尤其是杂志照片背后,全是它们的承诺:你可以永葆青春。唯一的前提就是你得适当锻炼,均衡饮食,关键是要购买杂志上广告的产品。如果乖乖照做,你就能获得一个神圣的标志,不是天使头顶上的光环,而是平坦的小腹以及永不长皱纹的肌肤。五花八门的食品、药物和膳食补充剂就像传说中庞塞·德莱昂①的不老泉②,保证让你青春永驻。但是,每当选择摆在面前:是要永远年轻,还是要胡吃海喝?多数人还是选择了后者,讽刺吧?如果人们看了杂志以后真能对健康长寿怀抱希望,就会有好多百岁老人仍在踢足球啦。

可是我算哪根葱,还取笑这些长生秘诀,没准哪条真管用呢。不过,想办法安置那些不死的人又得另当别论。我们现在才七十亿人,就已经为了争夺有限的土地和燃料能源厮杀得不可开交,要是真有上万亿人又该如何是好?

神学家们和科学家们早就想过了。神学家的办法要简单得多,热忱的信仰足以让一切迎刃而解。灵性身体不占空间,所以安置灵魂的快乐天堂也不需要空间,就这么方便。而在科学家看来,找到一个看得见摸得着的快乐"天堂",还真是对一个人信念的挑战。首先得大力确保物质世界没有穷尽,其次还得考虑,在这永无穷尽的空间里,有条件容纳无限人口的星球数量也是无限的。

无论是科学达人还是宗教专家,思考"永生"和"无穷"的方式都很相似。他们都相信,帮助我们克服死亡恐惧的办

---

① 胡安·庞塞·德莱昂(Juan Ponce de León),文艺复兴时期西班牙探险家,首任波多黎各总督,1513年发现佛罗里达。传闻他在美洲期间曾经发现过不老泉,这一桥段被诸多游戏和电影引用。

② 又译青春之泉(Fountain of Youth),是一座传说中的泉,在那些相关传说中,任何人喝了它的水都会恢复青春。

法在某个地方等着我们;只不过,一个在外太空,一个在内心里。也许,无神论者会对永远安息于耶稣怀抱的想法嗤之以鼻,但是,想找另一个地球来住不也一样可笑和机会渺茫吗?而且就算找到了也不能解决问题,因为我们得先杀掉"新地球"上的原住民,就像之前我们杀光美洲原住民①一样。寻找永恒就好比明知道两个都是大骗局,还非得投票选一个:要么选万无一失的航天计划,要么选绝对可靠的梵蒂冈。再说,如果"新地球"上的科技更发达,他们的上帝更强大,我们又该怎么办?谁杀谁啊?假设我们赢了,与我们相伴的,将是和太空时代②一般无休止的星球争夺战,得到这样的长生不朽,我们会快活吗?

科学永生的秘诀与神学的一样,都不够完美,但我觉得,后者未必就不如前者高明。在神学的信仰体系里,你唯一要做的,无非是遵从你所信仰的上帝旨意,即使偶尔没做好,也能被宽恕原谅。那些出卖过肉体和节操的人,到了晚年大多都能摇身一变,成为颂扬美德、倡导善行的传道士。但是,如果你把科学搞砸了——比如,核弹有了纰漏——再想重来一回,那就没可能啦。祈祷着走向永生,当然比冷藏躯体等待复活更经济、更生态。可是,等你读了经文里关于如何才能永生的小字注解,你就会明白,祈祷之路也不是免费的。要想永生有保障,还得掏钱做奉献③。不过,奉献教会的那点

---

① 美洲原住民是对美洲所有原住民的总称。美洲原住民中的绝大多数为印第安人,剩下的则是主要位于北美洲北部的因纽特人。

② 自1957年苏联首次将人造卫星射入太空后,美、苏两国不断将人造卫星、宇宙飞船、航天飞机等送入太空,从事太空探险和研究,将人类带入了"太空时代"。

③ 即什一奉献(或什一税、什一捐),希伯来文原意是"十分之一",常指犹太教和基督教的宗教奉献,欧洲封建社会时代被用来指教会向成年教徒征收的宗教税。时至现代,仍有一些基督教派引申旧约《圣经》,规定信徒实行什一奉献;另一些基督教派则鼓励信徒凭信心奉行什一奉献,以应付教会运作的财务需要和开支。

钱只是"小巫",造火箭飞到比凤凰星团还远的什么空中楼阁的花费才是"大巫"呢!

那为什么不在永恒花园、不断更新的食物链中实现永生、找到无穷呢?这不是容易得多也理性得多吗?我自己就能回答这个问题。我曾相信,只要我规规矩矩地好好表现,死后就能上天堂。后来,虽然我抛弃了这个想法,但我仍然满心相信,一定在某处有个什么东西可以让我不朽。我对自己说,总有一天,科学的进展真能给我们带来看得见也摸得着的永恒生命(转念一想,考虑到可行性的话,我倒更愿意只是多活个几百年)。我之所以相信天堂那档子胡扯的事是因为我的父母、祖父母和启蒙老师们都相信那一套。我爱他们,他们也爱我。他们都是好人,我们都生活得很幸福。我为什么不相信他们呢?那些"明白"过来后不再信教的人错就错在,他们认为所有放弃原有信仰的人,都会为自己终于摆脱了迷信盲从而感到快乐和解脱。我可不是这样的。我喜欢我的天主教世界,虽然有些教条很荒谬,但我还是很快乐。我也很喜欢永远都生活在快乐的狩猎场①的这个想法,因为我尤其喜欢追猎兔子和松鼠。所以,新知识的逻辑②迫使我不再相信原来的宗教时,我没乖乖听话,我会守一段旧。我还不想伤害父母的感情,也不想与亲戚朋友疏远,这时候乖乖听话可是很容易惹祸的。况且,神学那些事对我也并非真的那么重要。我虔诚地跪在教堂里的时候,心里其实都在琢磨那些一定可以达阵③的高超球技。

我的新信仰以"理性逻辑"为基础,在这套体系里,我用思考神学的方式思考科学。我采用同样的参量进行思考,用

---

① 过去北美印第安人把来世的乐土叫作"快乐的狩猎场"。
② 指作者自创的那一套关于永生的思想体系。
③ 达阵,是美式橄榄球中常见的得分方式之一,当进攻方球员带球进入对方达阵区或者在达阵区中合法接住了传来的球,即为成功达阵。

同样的方法挑选适用的大前提,再用同样的方法排除不适用的大前提。结果我发现,科学家们也不都是在追求真理;他们要的是钱,只要他们维护那些有钱有势的人最喜欢的大前提,他们就能得到钱,跟宗教一个样。我只好特立独行,不信宗教,怀疑科学。但这只有我自己知道。光是引起宗教人士的愤怒就已经够糟糕了,如果我还写文著书,说科学也变成了不靠谱的思想体系,我就里外不是人了。我就见过有记者因反宗教或反科学的言论丢了饭碗。于是,我保持沉默,在宗教与科学间寻找一小片完整的天地,谁也不招惹。要不,我写写幽默专栏。《农场期刊》(*Farm Journal*)杂志的老板就非常为我担心。他害怕农场广告商以为我的那些专栏是想削弱宗教和科学、破坏农业综合经营,也害怕农民朋友当真。可他又没别的办法,只好让版面设计人员在我的文章上用硕大的粗体字印上标题:幽默。这下就不会引起混乱了。

特立独行的好处是我可以超然地独立思考,而这竟莫名地减少了我对死亡的恐惧。我甚至开始觉得,死了还有些好处。比方说,死了就不会再听到新闻里引述极右翼分子老掉牙又白痴的脱口秀了。我拥有自己的小农场,那是我天堂般的王国,从这份喜悦正慢慢渗出一种新的平静,滋润我,让我更易于接受宗教与科学的对立。我开始同情那些相信宗教或者相信科学的人。人类在心灵深处对死亡的恐惧根深蒂固,所以我觉得,任何想克服这种恐惧的尝试,祈祷也好,科学实验也罢——不管它们多没用,都不应该被取笑。只要能缓解死亡带来的悲伤,只要不会带来残忍与不公,任何思想体系都可以被接受。极右翼分子老掉牙的脱口秀也有不白痴的时候呢。

试想一个孩子正眼睁睁地看着母亲死去,那是多么残忍的时刻!你该说些什么来安慰他?这种思想还是那种体系,有多大区别?

也许,教育应该让人们学习另一种方法摆脱两难的困境——一种接受现实的方法。我们作为慈爱的父母和负责任的老师,是不是可以这样教育我们的孩子:是的,你爱的人总有一天会死,但是他们会永远活在你的记忆里,再也不受人世争斗与磨难的纷扰,也不必受痛不堪忍的地狱折罚。我们的身体由无机物质和有机物质构成,它们不会飞上天进天堂,而会回归大地老母亲的怀抱,变成腐殖质静静地沉睡。在老母亲的怀抱里,它们会以这样或那样的形式永远地生活下去。假如普及这种教育,假如人人都相信死亡背后是永生,他们会不会因此变得更快乐?

但是,很长一段时间里,我都没有大声说出这种想法,一星半点儿也没有。我不想被大家排斥。我只在自己的小农场里韬光养晦,营造我自己的天堂。

## 第七章
## 猫咪乔吉

乔吉是只再普通不过的老猫,长得也很一般。但对我们四岁的儿子杰瑞来说,她却给了他亲情之外的第一份友谊。乔吉抓来老鼠,他就奖励乔吉饼干。杰瑞以为浣熊跳到露台上要吃小猫咪,吓得躲了起来,乔吉却很勇敢,留在露台上和浣熊对峙。乔吉和杰瑞分享彼此的喜怒哀乐,在四岁小男孩的世界里,他们是同舟共济的患难姐弟。

可是现在,杰瑞发现他的猫死在谷仓里,就躺在门边上。他跑来找我,一脸的惊恐。他不是没见过死的东西,只是还不知道死是什么。

"爸爸,爸爸,乔吉……"他没多说,或许是不敢多说,害怕说了会使一切都变成真的。

我找来铲子,轻轻把乔吉铲了起来。这下杰瑞肯定知道什么是死了,要是乔吉还活着,别说铲起来,铲尖儿都别想碰到它。

眼泪顺着他的下巴吧嗒吧嗒地往下掉,我都不忍心看他。那双小眼睛正一点儿一点儿地看见这个世界会用死亡结束所有的生命。我转过身,果断地向树林走去,手中的铲子却变得超乎常理地沉重。杰瑞也跟了来,他还在哭,每一声呜咽和哀号都满是抗拒。

一边哭着,他也没忘问我问题,而且个个问到点子上,全是人类在死亡面前想知道却找不到答案的问题。而我却不得不回答。

"爸爸,它还能看见我们吗?它知道自己现在在铲子上吗?"

我没把想说的告诉他。我没跟他说乔吉升上了猫咪的天堂,那里仙气缭绕,若隐若现,老鼠都胖嘟嘟的,牛奶也稠得跟奶油一样,而乔吉就在那上边微笑地看着我们。

"不,杰瑞,乔吉再也看不到我们了。"

"那它连感觉也没有了吗?它一点儿都不能动了吗?"

"是的,它动不了也没感觉了。"

"让它动起来。"杰瑞一把抱住我的腿,哀求我。在他眼中,世界上没什么事能难倒爸爸。

"不行,杰瑞。死了就是死了,做什么也没用。"我放下铲子,搂着他的头。我知道,自己快忍受不住了。

"我们必须埋葬乔吉。"我还是开口了,然后又开始果断地朝树林走。

"什么是'埋葬'?"

"我们先在地上挖个洞,再把乔吉放进去,最后用土把它盖上。"我解释道。

"为什么要埋葬?"

眼看就要到树林了,可我还是一点儿也没想明白,我们为什么要用土把乔吉埋起来。

"死了的东西都要埋。"

"爸爸,我能摸摸它吗?它还会和以前感觉一样吗?"

"如果你想摸它你可以摸,但是它感觉不到了。"

小家伙弯下腰,抚摸他死去的猫咪。他现在俨然成了科学家——先前面对死亡还像原始人一样恐惧,现在探索科学的好奇心却萌动了起来。他想用自己的双手诊断死亡的症状,但这个我还真受不了。

"我们要把乔吉埋在地下,这样她才不会受打扰。"我说。

"你可以做个篱笆把这里围起来吗?"他问,"那样的话就没人会踩着它了。"我想我明白墓地是怎么起源的了。

"放块石头在上面吧,这样我们就知道它埋在哪儿了。"他说。我简直不敢相信我的耳朵。他不知道有墓碑这回事,可他心里想的无疑和全人类想的都一样。

"没错,这真是个好主意。你去谷仓边的石堆拿一块石头过来放在这上面。"这样我铲土的时候他也有事做。

只是这个洞不够宽,我还没来得及结束粗陋的猫咪葬礼,他就又回来了。等我开始往洞里推土埋乔吉的时候,他又哭了起来,我也再没力气了。于是,我们一块儿哭。真是奇怪,我是怎么了,不就是一只猫么,母亲的葬礼我都没哭成这样。但我还搂着儿子,与其说我是为那只猫哭泣,不如说我是为儿子伤心。也有可能,我之前没哭,是因为母亲下葬的时候不是我给填的土。

"她再也再也再也回不来了吗?"杰瑞号啕大哭,为他的猫咪乞求长生不死,可这也是千百年来所有人哀伤的祈求。而我只能摇摇头。

"如果老猫咪不死,小猫咪就没地方待了呀。如果以前我们家的老母鸡都没死,现在我们该把小母鸡养在哪儿呢?"

我不知道他是不是明白了,或者我是不是明白了,但我就是那样说的,因为我也不知道还能怎么说。我们把土填好以后就离开了。杰瑞现在对死亡多了些了解,我则对生命多了分领悟。

然而,事情到此还没结束。杰瑞表面上好像没在想乔吉,但他跟小猫在一起的时间更多了——那是乔吉留给他的最后的礼物。整整两天,小猫都不肯吃东西,我和妻子很担心。如果这只小猫也死了……让一个快五岁的小男孩承受这么多痛苦是不是太残忍?我们花了很多时间想办法让小猫喝牛奶,但我们还是装出一副轻松愉快的样子,好像在给杰瑞说,小猫两天不吃东西太正常了。可杰瑞又不是小傻瓜。

第三天,我在谷仓的鸡群里就听到了喜悦的欢呼。杰瑞向我一路跑来,怀里抱着那只小猫。

"爸爸,爸爸!福瑞斯基喝牛奶啦!妈妈说,它很快就会没事了。它会活着!"儿子抬头看着我,目光炯炯有神,充满希望。就是凭借这希望,人类繁衍生息了不知几百万年。我相信,杰瑞学到了很多很多,只是他自己还不知道。现在他看到的是乔吉虽然死了,还有福瑞斯基活着。

未来某一天,我也会死,而他的孩子们还活着。到那时,他就能体会我现在的感受:母亲走了,但我还有杰瑞,而母亲当年也是这么想的。

第八章
## "不死"课堂Ⅰ：繁缕篇

　　我不想把繁缕叫作花园里最令人讨厌的杂草，因为我觉得，它是想教给我们永生的道理。在它最喜欢的生长环境中，也就是肥沃的有机土壤里，它几乎坚不可摧。噢，你可以给它盖上一层厚厚的护根，捂死它。这个效果可以保持近一个生长季节（对繁缕来说，也就是一整年）。但是，你可得小心，等护根腐烂完，那些绿色恐怖分子就会以迅雷不及掩耳之势咆哮着卷土重来。

　　2012 年就好像在告诉我们，永远都别想摆脱繁缕。我住的地方，冬天从不会冷到哪儿去。而只要气温在 10℃ 以上，繁缕就不会真正停止生长，哪怕是在一月。我以为自己已经在一些园地里控制住了它们疯长的局势，可就在冬季解冻、天气回暖的时候，这些可恶的家伙又像瘟疫般蔓延开来。二月底，它就准备结籽了，再长一个世纪也不成问题。

　　三月紧跟着来了，结伴而来的，是通常五月才会有的天气。地里湿漉漉的，空气暖暖的。繁缕趁机换挡，以超级 NASCAR 赛车①的时速飙长。等到土地干到能种地的时候，

---

① NASCAR，全国赛车联合会（the national association for stock car auto racing）的简称。NASCAR 赛车是采用改造后的房车进行比赛，在美国是一项风光无限的赛事。

繁缕早就长成了四英寸厚的草垫子,连花都开好了。你在四英寸厚的草垫子上开过园地耕作机吗?耕作机就在那上边弹啊弹啊,弹得歪七扭八的,像小孩子玩蹦蹦床一样。于是,我把锄头磨得跟锋利的剃刀似的,再向那家伙发起进攻。砍下去,弹回来;砍下去,弹回来;再砍,再弹,砍砍弹弹。我还不如直接去锄床垫。我抓狂了,跪下来,双手上阵,对那些绿色捣蛋鬼又撕又扯。有些扎根实在深的,我都拔不动它;有些能拔松的,一拉拉出来一大坨,还带出两英寸表土。最后,我只好动用大圆盘耙和拖拉机,把它拔了个底朝天,又把园地耕作机开了三四个来回,顽固的草垫子才碎成了棕色的大泥块,然后我再用手或者厩肥又把它们弄走。

化学除草剂只能把绿色的"床垫"变成黄色的,可就连这丢了半条命的黄色草皮垫也很难犁得动。而且,很快,噢不,是很快很快,新一波绿色军团就又来接班了。我断定,自己是在跟某种永不会死的生命形式打交道,这让我对永生又多了一种困惑。

有些园丁告诉我,要想阻止繁缕对"不死"的追求,最好使用火焰喷射器,但我还没试过。他们说,买一个汽油除草喷火器绝对划得来,因为当你看到猖獗的现世恶魔被烧焦烧糊的时候,你就会爽歪歪。但是,喷火器烧不掉它们在地下盘绕的根团与无数的种子。你要是想在烧过的那块地上接着种玉米,到八月的时候,一旦下雨,只要雨水超过三滴,近百万株繁缕苗就会在高高的玉米植株下遍地开花似地暴长起来。到时候,你还想巧用喷火器可就难了,除非你想一下子就烧出很多烤玉米和爆米花。

鸡和牲畜都吃繁缕。如果在园地里圈上一群母鸡,你就好像有了个可以移动的"鸡群拖拉机",有望摆脱繁缕呢,不过也就是一会儿罢了。要想永远摆脱它,除非你掌握繁缕的致命弱点,那就是压根不在这块地上耕种。繁缕不会和原生态永久牧场上的草争地盘,也不会固执地赖在草坪里。它需要的生长环境是经常耕种的土壤,你越是用耕作机碾压它,它就长得越旺盛。我想,这就是它要给我们上的一课。大自然让繁缕提醒我们,每年都翻耕土地既不合自然之道也无法持续长久——除非你想靠吃繁缕沙拉生活,这样好像也不错哟!

我与繁缕殊死战斗的同时还做起了试验——我想尝试循环放牧,这样农场便能"持久"地经营下去。虽说在降雨充足又有树木生长的地方,林地才是"持久"的自然环境,也就是所谓的"顶极植被"①,但我也有自己的考虑。农场上的牲畜生来就是放养觅食的。新农业观认为,如果有营养丰富的各种牧草和三叶草②吃,牲畜和鸡群一样可以生产肉、奶和蛋,甚至比把它们关起来用每年收割的谷物喂撑它们还要划算得多。所以,我决定试一试。我把自己的那一小畦地分成八个区,每区大约一英亩,然后就干了起来。实际操作没想的那么简单,好的农牧结合需要妥善的经营和管理。只要我定期除草,控制住多刺的树木与灌木的生长,循环放牧这个办法就能见效。我还了解到,整个系统要运作成功,就得按一定顺序,把牲畜从一个区转移到另一个区放牧,这样牧草就能轮流得到机会休养并恢复蓬勃生长,牲畜也能在整个生长季节都吃到新鲜、繁茂的牧草。管理好循环,保证每六周在同一个区只放牧一次,这样还能大大减少牲畜体内的寄生虫。

遵照农牧大师的指点,我的梦想就是不种一分田还能提

---

① 顶极植被,是指达到顶极的稳定植物群落。顶极群落在生态学中指,由植物与动物和真菌组成的生物群落在经过一系列生态演替之后,达到的一个保持相对稳定的最终阶段。之所以能达到稳定,是由于顶极群落中的各物种都能最好地适应所在地区的气候等条件。

② 三叶草(又名白车轴草),为优良牧草,含丰富的蛋白质和矿物质,偶然出现的特殊变异体有四片叶子,寓意为"幸运草"。

高肉、奶和蛋的产量。可我没想到,差不多一吨重的书在宣扬原生态牧场的好处。牲畜粪便外加豆科作物①绿肥(尤其是氮肥)就能满足牧场对肥料的全部需求。每个区的放牧周期快结束时,适当地割割牧草(或者就当为了制成干草),合着放牧本身就能控制住大部分杂草的生长。只要不动用大机器翻地碎土,每年都能省下可观的时间、机器使用和燃料。土壤侵蚀也几乎为零。牧场土壤里的根系高度密集,有益微生物的数量和种类也比其他土壤多得多,蚯蚓这样的益虫当然不在话下。牧场还蓄积腐殖质,这可是食物链的命根子。永久保持原生态牧场还是最有效的固碳②手段之一。有些提倡农牧兼营的人甚至说,耕田种地搅乱土壤,哪怕就一次,也足以毁掉土壤的生态平衡,而这种破坏造成的创伤,却需要让牧场静养一个世纪才能修复如初。

想象一下美国乡村的田野,没有一闪一闪的琥珀色麦浪,它看上去就像个高尔夫球场。实际上,欧洲的一些地方就拿高尔夫球场放牧,高尔夫运动在苏格兰发源③的最初几年就是这样。假如农牧合营奏效,牧场就会变成天堂般的永久乐园,尤其是高尔夫又刚好是你最爱的消遣。

冬天可以放牧的时间越长,需要制备的干草就越少,所以还得继续寻找可以充当牧草的植物,这样就算地面被白雪覆盖,牲畜也还有草吃。(野牛能活这么长时间④,靠的就是把草从雪下刨出来吃,那些草虽然已经干死,但还是很有营

---

① 豆科植物的根部常有固氮作用的根瘤,是优良的绿肥和饲料作物。
② 固碳(也叫碳封存),指的是以捕获碳并安全封存的方式来取代直接向大气中排放二氧化碳。
③ 关于高尔夫起源有多种说法,流传最广的是古时的一位苏格兰牧人在放牧时,偶然用一根棍子将一颗圆石击入野兔子洞中,从中得到启发,发明了后来称为高尔夫球的运动。
④ 美国野牛是一个有五千年历史的物种,它们和美国北部的草原及牧场一起进化。

养。)要是有一些原产的雀麦①和一些羊茅,那就好办了;有了它们,冬季就能多放牧一两个月,即使在北方也没问题。三叶草遇到寒冷的天气会冻死,但是只要大雪没将它完全覆盖,死掉的三叶草都还是上好的草料。

众里寻草千百度,稍稍回首,想起繁缕在花园处处。啊哈!也许它就是那个理想的冬季牧草。繁缕太容易再生了,茎叶又肥厚多汁,牲畜和鸡群都能吃。这儿是俄亥俄州北部,气温本就比别处低一些,但即便到了十二月,繁缕也还是绿的,而新春三月,它又会开始新一轮的生长,甚至二月就开始长了(2012年就是这样)。如果这是气候变化使然,那它可能整个冬季都会长。兴奋有余,我试着在牧场里种繁缕,可繁缕却拒绝合作。我懊恼极了。它是不会在原状土②里生长的。它暗示我们,它可以不死,也可以不生,而秘密全在那草地里。它似乎在说:如果你真想要可以持续经营的农场,那就不要反复翻耕搅碎土地,否则,你就得和繁缕这样的讨厌鬼打交道,什么荆棘、蒺藜、毒葛、豚草,以及其他各类爱在扰动土③里大肆繁殖的野生植物就更别提了。或者,引用钦定版《圣经》(KJV)④中上帝将亚当和夏娃驱逐出伊甸园的那段话:"……地必为你的缘故受咒诅。你必终身劳苦,才能从地里得吃的。地必给你长出荆棘和蒺藜来,你也要吃田间的菜蔬。"我不是很确定这段话的意思,但是既然《圣经》里多数段落的意思我都不确定,那我想怎么理解都行,就算我的理解和神学家们通常的解释不同也没关系。也许,从每年都翻耕的地里长出来的食物,每样都是现实世界的花

---

① 此处指北美雀麦,一种原产于北美大草原地区的禾本科牧草。
② 原状土,又称不扰动土,指土体保持天然状态、其结构没有被人为扰动的土。
③ 扰动土,即天然结构受到破坏或含水率改变了的土。
④ 钦定版《圣经》(King James Version of the Bible,简称 KJV),《圣经》的诸多英文版本之一,由英王詹姆斯一世命令翻译。

园禁果。也许,繁缕就是想告诉我们,大地本可以成为永久的花园,是我们在阻挠这一切的发生。我们每年都撕碎大地的土壤,这便是阻止它成为永久花园的第一步。

就在这时,一些无畏之徒把繁缕制成了药膏出售,还说这种药膏对皮疹、皮肤皲裂及各种皮肤擦伤都很有疗效。没准要是我在身上抹够这种药膏,我也能像繁缕一样长生不死哩!

## 第九章
## "不死"课堂Ⅱ：猪草篇

21世纪的第二个十年，农牧业直面的头号威胁似乎不是经济衰退、气候变化和孟山都①，也不是原始的福音主义，而是一种名字难登大雅之堂的植物：猪草。它也叫作"红根"，不过这是俄亥俄州"场院圈"②的行话，因为它的根是粉红色的。更准确地说，它是"野苋"，这名字听上去着实有点儿不入流。如果你想够风雅，那就叫它"反枝苋"③或者"绿穗苋"，叫完后，你的眼神还要很有智慧般地望向遥远的天边，就好像人人都知道它是这么个叫法。如果你想够新潮，那就叫它"长芒苋"，因为在大约六十种已命名的苋属植物中，唯独它正让生产除草剂的公司头疼脑热。研究杂草的科学家们把长芒苋叫作"完美杂草"（和"完美风暴"④一样）或者"超级杂草"，因为它已经对草甘膦除草剂免疫。所以啊，谁要想觅得长生不死之妙法，当然得好好研究它一番。最

---

① 孟山都（Monsanto）公司，是一家美国的跨国农业生物技术公司，目前也是基因改造种子的领先生产商。
② 场院指农场谷仓周围的空地，场院圈借指经常干农活的人。
③ 反枝苋（Amaranthus retroflexus），原产美洲热带，喜湿润环境，亦耐旱，适应性极强，在世界许多地方被列为恶性杂草。
④ 许多本不危险的单个事件或因素碰巧同时发生，带来的灾难性后果或难以解决的问题叫"完美风暴"。

近，伊利诺伊州拜耳作物科学公司的一块试验田里，长芒苋的生长速度已经远远超过了大多数试验田里大豆的生长速度。实验人员把能用的除草武器全用上了，却还是拿它没办法。

这对庄稼汉可是个坏消息，他们只能希望"科学"快点捣鼓出一种强效除草剂，既能干掉这家伙，又不会把良田变成不毛之地。我说，也许某一天，我们可以和长芒苋化干戈为玉帛，把它变成我们的盟友。在那些"科学"追随者的眼里，我说这话的时候准像个支持农业无政府主义的农民。长芒苋在干燥炎热的气候里长得特别健壮（大多数猪草都这样），因为它原本是西南部的沙漠植物，后来越过南方，现在正坚决地进军中西部。这恰好解释了我们2012年经历的那场干旱。它固碳的效果也不错，一天就能长一到两英寸。据我观察，本地原产的猪草就真是这样长的，七月的时候，不论天气多干燥，它们都爱从我家的园子里猛地冒出来。

可你知道有多讽刺吗？猪草的籽实（甚至长芒苋籽）八千多年来都是公认的营养食品。它是阿兹特克人[①]，甚至是北美筑丘印第安人的主食。它极有可能就是在沃泊尔溪边竖起土丘的林地印第安人种的。现在整个墨西哥的人都还在吃它，尤其喜欢把它当作粮食裹上蜂蜜，做成一种叫"阿兰格里"的糖果来吃。早在20世纪70年代，鲍勃·罗代尔就把野苋当成罗代尔研究所的主要项目来经营。研究所研发出了它的一些新品种，把它们在宾夕法尼亚东部的研究所农场种上了好几英亩，然后将收获的种子储存起来，同时给全世界放话说，它们潜力巨大，在很多情况下都能代替其他谷物。那时候，我和鲍勃来往很密切，他相信自己发现的是一种很重要的新型庄稼，许多时候，尤其是干燥的气候条件

---

[①] 阿兹特克人（Aztec），又译阿兹台克人、阿兹特卡人，是墨西哥人数最多的一支印第安人。

下,这种经济作物的产量和玉米或大米的产量一样高。

当时的情形使我有点儿尴尬。那时,我要给罗代尔出版社(Rodale Press)写大量材料,自然对野苋的种种潜能印象深刻,可更让我难忘的是鲍勃·罗代尔的标新立异。就在我第一次看到一整片种得整整齐齐的猪草田时,我感觉自己好像是在看实地版的《超世纪谍杀案》①。我还是个小孩的时候,不论是在农场上还是在园圃里,大人们都一直给我说,猪草有害,应该斩草除根,哪怕它从来没被除尽过,我也知道,这个祸害不能留。只要你让一棵猪草发芽,来年你就得对付上亿个地狱恶魔!这还没完,鲍勃还有一块地,匀整地种满了灰菜;如果不是种灰菜,那块地上应该寸草不生。这更冲击了我自小受到的教育根基。灰菜(藜)也是一种很好的食物,在像印度这样的地方是很宝贝的,而在我出生的这片农场却十分讨人厌。我都不敢正脸直面站在我身旁的鲍勃,只用眼角的余光瞄他。"你知道你做的这一切对我来说意味着什么吗?"我问他,"这就好比展示给一个热忱的基督徒看:地狱这地方真不错,住在里边感觉棒极了。"他只是微笑,把我的这番评论权当恭维,而他脸上那大大的神秘微笑好像说我原本就是在称赞他。

有好一阵,我们所有人都认为,将来,野苋会在芝加哥商品交易所(Chicago Board of Trade)上市,成为和玉米、未经熏制的腌猪肉一样的商品。一切都指向这样的未来,就连伊利诺伊州从事商业化生产的农民都在大片大片种植这种"新粮食"。为了收集写作材料,我走访了这些农民和园丁,他们对猪草的兴奋劲儿丝毫不亚于大豆。大豆的蛋白质含量

---

① 《超世纪谍杀案》(Soylent Green),是一部 1973 年发行的美国科幻电影,描绘了一个由于全球暖化和人口过剩导致的资源枯竭的未来世界,真实的蔬菜水果变成极为昂贵的奢侈品,大多数人都靠食用由大豆(soy)和扁豆(lentil)制成的"soylent"饼片度日。

更高,达 30%—40%,而野苋籽的蛋白质含量只有 14%—18%,但是,野苋籽的完全蛋白质①的含量比任何一种普通谷物或豆类要高。这一切都向我们预示,野苋的前景一片光明。

可是很奇怪,我怎样都说服不了自己在自家的园子里种野苋。每次一看到自己从罗代尔农场带回来的那一小袋野苋种子,我就感觉羞愧难当。我在脑海里看到的,是大批大批的野苋像野葛一样蔓延(种野苋就像种野葛,搞不好就弄得物种入侵,好心办坏事②),爬过一块又一块农田,覆盖整个美国!我实在种不下手。最后,我一把火烧了那些种子,不然我感觉自己就像个叛徒。文化习惯再一次战胜了理智思辨。

不过后来我发现,整个农场圈都是这么个态度和做法,野苋这种粮食也就一直没火起来。主要原因就是它的种子这样小巧玲珑,植株却长得那样高大笨拙,怎么说都有七八英尺。如果种植规模大,用机器收割和打理会非常困难,而小规模的种植又会使机器作业变得过于单调乏味。毕竟,阿兹特克人生活的时代还没有现代机器,所以他们甘愿缓慢而辛劳地从自然界中采集野苋。而如今这个时代,人们仍旧愿意千辛万苦地手工栽培和收获的作物只有大麻,因为那是获得医用大麻的唯一办法。换作种食物,我们才不会那么傻,我们还有大量的选择。前些年,约翰尼公司的精选种子目录里就列有野苋籽,他们应该是第一家这么干的公司。现在,

---

① 完全蛋白质(complete proteins),指食物中营养价值最高的一种蛋白质。它的氨基酸种类比较齐全,含量比较充足,比例比较恰当,接近人体蛋白的组成,因此具有维持生存和促进机体生长发育的作用。

② 1876 年美国费城的世界博览会上,野葛首次出现,之后由于诸多益处被正式引入美国广泛种植。但是,野葛在美国的土地上几乎没有任何天敌,疯狂的蔓延使其泛滥成灾,以致美国人考虑的问题不再是怎样利用它,而是如何铲除它。

约翰尼和其他许多公司都只把野苋当作观赏植物销售,它也确实挺漂亮的。变种目录则仍把野苋籽列作食品出售(我肯定有些其他的目录也一样),只是不像先前那样对它进行重点强调了。更没什么人会专门提出,野苋籽的各种蛋白质和氨基酸含量均衡,某种程度上,它们提供给人体的营养与牛肉相等,甚至比牛肉还要好。

所以,我们现在陷入了两难的境地(也许我不该拿这个开玩笑,但就是忍不住)。眼下,一种野生植物正威胁着我们的商品粮产业,因为它时不时地喜欢豪饮除草剂。寻找永久花园,野苋可是关键,它的生命力可能比孟山都还要强。它不仅忍辱负重,熬过了不知多少个世纪的漫长岁月,现在还要蓄力反击。如果它能开口说话,它就会发布新闻简报说,既然人类拒绝把它当作商品粮,那它就会竭尽全力来改变我们的成见,逼得我们接受它那自然又务实的生命哲学。它正大踏步向我们产业化种植的粮田进军,想把我们从人类自己的手中解救出来,说服我们放弃机械化的粮食生产体系,重新拿起锄头,进行传统农耕。

其实,为人类创造一个更加不朽的世界,锄头并非野苋真正唯一或者最好的搭档。这么说吧,肉猪喜欢吃野苋粉红色的根(我猜它就是这样得了"猪草"的名字),我们就可以把猪放养在野苋地里,毕竟野苋自我更新能力强,怎么说它都比较持久稳定。这样远比把收割的玉米运到养猪场喂猪要经济得多。野苋的嫩叶用来做沙拉也不错,人吃、猪吃,都行。至于猪不吃的野苋种子,可以用来做各式各样富含蛋白质的烘培食品。像2012这样的旱年到来的时候,种野苋的庄稼人(假如我们再活几个世纪,他们就是唯一还有庄稼种的农民了)就能慵懒地打着呵欠去钓鱼了。不过回头一想,既然野苋在干燥的气候里也能蓬勃生长,我们还是得在不需要它狂长的地方给它锄一锄。

顺便说一下,就在罗代尔公司开始人为地产业化种植猪草和灰菜的时候(也就是说,对它们进行大规模地单一种植),这些野生植物竟然和商品粮一样开始染病和不育。从追求长生不死的角度说,这就给我们上了堂课。我们都知道这里边的学问是什么。大规模产业化的单一种植根本就不符合自然规律。庞大的人口密集地生活在大城市里,靠着这样种出来的粮食维持生存,这也有悖自然法则。

## 第十章
## 他们为什么要自杀？

我还在想着把生与死的差别弄明白，"自杀"这家伙就从新闻里探出了它那颗丑陋的头颅，难看不说，还特显眼。2012年，军营里的自杀猛增了15%（各大新闻标题是这么说的，信不信由你，反正我是肯定再也不信任何人的数据了）。青少年自杀也频频发生，让人匪夷所思。自杀还是大学生死亡的第二大原因（这也是新闻标题说的）。就连我生活的小圈子里，我最想不到的会自寻短见的人——一个阿米什①农民——也在自家的谷仓里自杀了。我认识的一个年轻女人也这样，她的生活可是顺风又顺水啊。我拼了老命要长生不死，这些人却铁了心给自己的生命画句号。他们自杀的事实与我对永生的渴望在我脑海里激烈对撞，震得我有段时期都不知该如何同时面对这两种极端的现实。人为什么要自杀？如果说，我们在医疗保健方面的进步如何神速，我们怎么就不能减缓自杀的速率呢？为什么表面春风得意的人选择自杀，那些百无一用还爱抱怨生活的窝囊废却好好地活到了九十多岁？为什么遭遇种种困苦磨难的人反倒不常选择自杀？

---

① 阿米什（Amish）是美国和加拿大安大略省的一群基督新教再洗礼派门诺会信徒（又称亚米胥派），以拒绝汽车及电力等现代设施、过着简朴的生活而闻名。

"为什么"真是个令人讨厌的词。它是一个老巫婆的名字，她成天骑在我们背上，用指甲挠我们，发出刺耳的尖叫，嘲笑我们。因为我们永远都不会承认她的道理：我们有无穷个为什么，但我们的答案却怎样都不够。

我研究了关于自杀的统计数据（或者说，我曾试图研究出个结果）。可是，同多数搜寻准确事实的情况一样，自杀的相关数据以及有关自杀原因的信息，都那样含糊不清、模棱两可，有的甚至自相矛盾。首先，自杀有时被当作"意外事故"来报道，之所以"意外"是因为，它的发生本是为了化解家庭危机，以免事态恶化升级，没想到竟酿出了人命。其次，当"意外事故"其实是自杀事件时，人们却又总是不明真相。再次，我们现在的这个社会，协助自杀会构成犯罪，可在"意外用药过量致死"或"正常死亡"中，究竟哪些实际上是协助自杀的结果，都无人知晓。晚期病人安养所的工作人员告诉我，那些病人根本没有康复的可能，活着就只会饱受病苦的折磨。他们知道自己的时日不多，只好乞求护工用枕头闷死自己，要么就绝食自行了断。在这儿，真正的罪过，其实是法律禁止协助自杀。

只要通读提示人们警惕自杀倾向的条条款款，你就会察觉，关于自杀的那些信息还是不可靠。尽管在一些自杀数据统计中，医务人员常常属于高发人群，但是牙医的自杀率却并不比其他职业高。同样，比起没有严重心理疾病的人群，有精神病史的人群的自杀率也没高到哪去。无论是在感恩节、圣诞节还是新年假期，自杀都没有增加。春天似乎才是自杀更为多发的季节，而这个季节本该给人全新的希望。男性的自杀率高出女性，不过女性也没少自杀，只是她们的自杀常常以失败告终。可能她们根本就是装的，也有可能是她们在最后一秒改变了主意。假如我在谷歌上搜到的那一长串没完没了的数字没弄错，自杀率大体上是从 2000 年左右才有了小幅增长,但迄今也没高过1950年。我倒没觉得奇怪,因为我偶然得知了19世纪末和20世纪初的一些事。要研究完全陌生的学科,我得在微缩胶片①上阅读我们当地各种版本的报纸。出乎我的意料,过去报道的自杀比现在还要多。

2013年的最新资料显示,中年人的自杀率在攀升。可是等你仔细看小字注解,里边有太多的"没错,但是",搞得那些数据也似乎没那么令人信服了。资料里提到的那拨人,就是"婴儿潮②一代",他们如今正步入中年。只是,为什么在我们的历史上集万千宠爱于一身的一代人反倒比其他年龄层的人更想自杀呢?

不同的文化立场使这个问题更加难解。在我们的观念里,"自杀不道德"的想法根深蒂固,任何就此进行的讨论都会陷入对不同思想体系的情绪化争辩。就连"今天的军营里有多少人自杀"这样容易统计的事都能有争议。反战派拿出了他们的数字,主战派连忙反击:若不是参军,不知又会有多少人自杀。终归没有人知道,有多少在战场上"牺牲"的军人其实是自杀身亡的。

我研究了一些自杀者的病历,发现科学与宗教似乎都不是造成他们自杀的主要因素。无神论者不见得就比按时去教堂做礼拜的人更容易自杀。一些承认有自杀倾向的人告诉我,精神健康专家满嘴漂亮话,但仔细推敲起来却没半点儿实际意义。他们也同样批判了那些想用信教的办法帮助他们的人。有个人就对我抱怨,听传道士虔诚地诉说永远

---

① 微缩胶片是数码相机时代之前的当代科技产物,人类利用胶卷摄影技术,复制书籍、报纸、杂志等出版物上的文字和图片之类,汇集制作为一个小胶片。微缩胶片比原物可以保存更长的时间,便于查阅,方便分类,大量应用于以前的图书馆、档案馆等机构中。
② 婴儿潮,特指美国二战后的"4664"现象:从1946年至1964年,这十八年间婴儿潮人口高达7800万。

"沐浴在上帝的永恒之光里"是多么压抑,压抑得使他更想自杀。

也没有确凿的数据表明,基因是导致自杀的罪魁祸首。有时,自杀看起来是有点儿家族遗传,但也得看你怎么定义"家族遗传"。假设有个姑奶奶自杀了,然后她的侄孙女也自杀了,这算家族遗传吗?现在,很多人借助各种药物摆脱抑郁症的困扰,但也没有可靠的证据显示,抑郁症患者就比其他人群更容易自杀。酗酒或者毒瘾也不一定会导致自杀,否则,我们的人口早就急剧下降了。会不会是自杀者的DNA里有怪脾气的基因在兴风作浪?还是他们的大脑里长了没被检查出来的肿瘤?神经和突触①搭错线?科学无法给出确切的答案。童年时遭受过精神虐待或性虐待会导致自杀吗?可能会,但多数有过这样经历的受害者都没有轻生。

人们还普遍把自杀归咎于日益增长的社会压力——每个人在重压下还必须表现得更加出色。但这个自杀的理由似乎也缺乏数据的支撑。有人说,青少年自杀是因为他们被迫承受了太多学业和体育训练的压力。但大多数孩子都强调说,那不仅没使他们自杀,反而使他们学会了在压力下茁壮成长。没错,综合考虑的话,今天的孩子们拥有的一切比起过去好太多。旧社会的孩子成天得在肮脏的工厂里做苦工,饱受奴役还不受童工法的保护。显然,那时的孩子大多数也没自杀。女性也一样。人们期望她们变成超人:在家是相夫教子的贤妻良母,在外则是精明能干的工作好手。于是,人们又觉得,这种过高的期待有时会使她们抑郁,然后自杀。可事实再一次证明,大多数女性不仅经受住了这些挑战,还完成得相当漂亮。我怀疑新千年女性的生活状态是否

---

① 突触是神经元之间在功能上发生联系的部位,也是信息传递的关键部位。

还和往昔一样糟。旧时的女性,面对的是冷酷无情的生存环境,她们过着原始的生活,节衣缩食,艰苦朴素,时刻可能遭受野生动物和印第安人的攻击;没有电,也没有完善的医疗保健。我知道住在破烂得快要报废的农舍里又没有电的日子是什么样的。我们搬进农舍的那天,我看见母亲站在空荡荡的厨房里哭。但不一会儿,她就调整好了自己,把破烂的农舍布置成了极好的家庭居所。我记得,她干脏活儿累活儿的时候几乎总是在唱歌。在我对母亲充满温情的美好回忆里,她总会设法加热一个熨斗,用毛巾把它包起来,塞到我的床脚。这样,我的小脚丫在寒冷的冬夜也能暖乎乎的。那是奢侈,不是艰苦。

很明显,我对自杀盘根问底并非只是出于无聊的好奇。年纪大,又感觉自己的身体有点儿不对劲儿,死亡的念头就不停地推着搡着挤进了我的意识。我知道,不管怎样,我都不会立即自杀。但是,由于我非常讨厌待在公共场所,尤其是医院,所以我在想,等我又老病又重的时候,我是不是有胆量只宅在家里哪儿也不去,借助着大量的吗啡,静静等待死亡的降临——这是一种消极的自杀。怪异的是道德家似乎没觉得消极自杀有多不妥。不过,每次我向家人说起类似的话时,他们都会反复表示,绝不会让我做那种傻事。慢慢地,我明白了,死亡这事并不像我当初想的那样,它不是我一个人能说了算的。一个好父亲和好丈夫最后应尽的责任,就是得没法让还要继续活着的家人过得轻松些,哪怕到了最后痛苦的分别时刻。嗯,也许就是这样的。但是,我开始刻意在与家人的谈话中随意地提起自己的死,这样或多或少可以帮助大伙儿(包括我自己)习惯它。

精神病学和心理学如何对待自杀倾向,我一知半解。为了弥补知识的缺漏,我找到了一些严重抑郁的患者,而他们也愿意谈谈自己的心理状态。他们百分之百地坚持,自己的病是因为身体系统里的化学物质失去了平衡,只有某种搭配的化学药物才能调节这种失衡。在他们的描述里,"抑郁"是心理和生理都在承受剧烈痛苦的状态,只有真正经历过的人才能理解和体会。他们说,多少心理咨询和团体治疗①对他们都无济于事。吃药能减轻他们的痛苦,但处方是否见效就得看医生了。如果医生愿意,而且能够坚持反复调整药物剂量,才能找到最佳的剂量搭配缓解他们的病情。

他们让我去读读大卫·福斯特·华莱士②的书,这位作家最终自杀了。这儿有一段他写的话,网上也能搜到:

> 对所谓的抑郁症患者来说,他们想自杀并不是因为人们常说的感到"绝望",也不是因为他们秉持某种抽象的信念,认为生命赋予他们的资产和要求偿还的债务不对等。当然,更不是因为死亡突然间看上去就有了致命的魅力。当一个人内心压抑的无形痛苦积蓄到再也无法承受时,她只好自杀。这就好像一个人被困在了高楼里,楼下是不断燃烧的熊熊烈火,她最后只能选择跳窗……③

一个不堪设想的念头悄悄潜入了我的脑海。让这些人接受协助自杀会怎样?应该也可以吧?他们不就和那些身患绝症数着日子等死的人一样吗?他们在死之前,除了痛苦还有什么?

---

① 团体治疗是将心理治疗原理同时应用于一组人群中,通过成员之间的相互影响而达到疗愈目的的一种心理治疗方法。
② 大卫·福斯特·华莱士(David Foster Wallace),美国著名作家,2008年9月12日自缢于家中,年仅46岁,此前他一直长期服用抗抑郁症的药物。
③ 此段话引自华莱士1997年出版的小说《无尽的玩笑》(*Infinite Jest*)。

可谁能说得清？人类总是那样狡猾又复杂,我都怀疑自己能不能完全相信这些讲述者。他们当然觉得对我说的都是实话,但是因为包括他们在内的大多数抑郁症患者都没自杀,我怎么能确定他们口中关于自杀的那些事是真的呢？撇开这些,许多自杀的人生前并没被诊断出患有严重的抑郁症,他们又是怎么回事？

让我们拓宽思路,假设自杀既不那么简单又不那么复杂；假设很多时候,我们寻找自杀的根源都既找错了方向又找错了地儿。那些自杀的人生前总给人一种印象：他们总是对自身存在的价值表达过消极的态度。我访问的那些抑郁症患者却一口咬定,他们的痛苦与他们对自我和环境的态度没啥关系。可事实上他们又没自杀,至少现在还没有。所以,也许我能猜测,真正的自杀是否另有原因？许多自杀的人都习惯在言语中否定自己。我们的文化究竟是怎样在无意间让他们感到自己这样一无是处？

2013年3月11日,一篇对"自杀"有着十分精辟见解的文章刊登在了《纽约客》上。文章题为"梦之安魂曲",作者是拉丽莎·麦克法夸尔。她在文中分析了最近年仅26岁的电脑天才亚伦·斯沃茨[①]自杀的种种可能原因。斯沃茨因为从网上下载资料被视作"非法"而被指控犯下多项重罪,此后他便结束了自己年轻的生命。他已经相当成功,就算要在监狱里待上一小段时间,也依旧前程似锦。考虑到这点,斯沃茨的亲朋好友纷纷就其死因给出了各自的看法,我也如饥似渴地读着他们的观点,希望可以了解真相。但是,即使是这些亲信的答案,也没能让"为什么"这个老巫婆满意。

---

[①] 亚伦·斯沃茨(Aaron Swartz),美国软件工程师、作家、互联网活动家,14岁就参与创造RSS 1.0规格而在程式设计圈中声名大噪。2011年7月被指控自JSTOR非法下载大量学术期刊文章遭联邦政府起诉被捕,面临百万美元罚款和最高35年徒刑。2013年1月11日早晨,他被发现在纽约市布鲁克林区的公寓中自缢身亡。

文章最后以斯沃茨父亲的话结尾:

> 你知道,这根本没道理……我觉得,这个问题我永远都没法回答。

然而,斯沃茨自己的说法却给了我启发。麦克法夸尔引用了亚伦很早之前说过的话:"我感觉自己的存在对地球来说是种多余。"他怎么得出了这样荒谬的结论?我有一个答案,但真要说的话,我有点儿犹豫。因为我很清楚,话一出口我就会成为众矢之的。如果文化是一个大蚕茧,我们所有人都是从这个茧里飞出来的。现在让我们暂时抛开这个茧,假设我们自幼便相信,我们是永恒生命中不可或缺的一部分,我们在食物链上流转,也终归回到食物链,这一切美好得令人欣慰。比起与不可思议的神灵在一起共享永生,这更令人感到满足。假设真能这么想,还会有人认为自己在地球上是多余的吗?几百年来,我们都相信自己来自地球之外,有神一般的灵魂,死后我们的灵魂又注定还有某种来世,而这灵魂的来世在现实中却并不存在。亚伦正是因为接受了这种古老的哲学观念才说出了那样的话。

我想起了亚西西的方济各①,他曾是我心目中的英雄(现在某种程度上也仍然是)。在舍弃荣华富贵、过上清贫的隐修生活前,他是放荡不羁的花花公子。后来,他与大自然亲密无间,成为备受敬重的天主教圣人。假如他生活的时代也像今天一样有精神病医生,我敢肯定,在他艰难地寻觅人生真谛的那些年,他的精神健康报告里也没几个"优"。意志消沉的时候,他把自己比作一条卑微的蚯蚓。每次祷

---

① 亚西西的方济各(Francis of Assisi,1182—1226年),又称圣方济各或圣法兰西斯,天主教方济各会和方济女修会的创始人,动物、商人、天主教教会运动以及自然环境的守护圣人。

告,他都会重复打这个比方。我专门在方济各会神学校学习过,他们说,这个祷告词表现了他令人钦佩的谦卑。不过可以肯定,这样的比方并不利于提升一个人对自己的态度。

除非……我们换个全新的角度来看这件事。假如一个人在这样的环境里长大:人们天生的癖性不会被当成罪恶或者卑鄙下流的玩意儿,蚯蚓也极不卑贱,而是很受珍视的益虫——它们当之无愧——这样的信念是否会使人们避免时常感到消沉和沮丧,或者甚至能降低自杀率?人们再不会在民间听到这样的古老打油诗:

> 没人爱,讨人厌,
> 我把蚯蚓挖个遍。
> 大蚯蚓,小蚯蚓,
> 肥蚯蚓,瘦蚯蚓,
> 我把蚯蚓挖个遍。

开明的文化里,这首小诗会这么唱:

> 惹人爱,没人怪,
> 我和蚯蚓做舞伴。
> 光溜溜,亮闪闪,
> 很美丽,很可爱,
> 我和蚯蚓做舞伴。

晚年的方济各在谈及自己的死亡时,开始用"死亡兄弟"这个词,这无疑证明,他已经能以一种健康的心态接受这无法逃避的事实。难怪会传说,野鸟围绕着他飞来飞去。就算那是真的,我也不觉得奇怪。我们许多人亲近自然的时候都享受过这种快乐——只要我们给野鸟喂食器装鸟食,黑顶山雀①和五子雀②就会绕着我们飞来飞去。哪怕身处人生低谷，我们都不会说自己的存在对地球是种多余。我们明白，自己是一切生命中不可分割的一部分。

我当然也会有意志消沉的时候。我会因为付诸努力后依旧失败而灰心失望，对人类（包括我自己）愚蠢至极的言行深恶痛绝，甚至，我会只因时光飞逝、死亡在劫难逃而萎靡不振。可是，只要我在花园或树林里忙碌，或者听到我喜爱的音乐（尤其是自然音乐），那些让人泄气低落的情绪就会统统烟消云散。于是我在想，这些对想自杀的人是否有帮助呢？让他们多花点儿时间在园子里劳动，和大自然搭档生产粮食蔬果。这个工作多有意义呀，周围还有林鸫③、草地鹨④和歌雀⑤纵情歌唱。只要我在花园里，就连"为什么"这个老巫婆都从我的意识里消失了，我不会再问那些没答案的傻问题。有自杀倾向的人会不会和我感觉一样呢？

但我随即就能听到反对声——如果把死亡变舒坦了，只会使更多人想自杀。对此，我首先要说，这绝不可能。如果死亡被视作生命的自然终结，我倒觉得，"自杀"会变成合法的事，而这本身就会降低自杀率。到时，社会变得更开明，就像现在死亡咖啡馆正流行起来一样，人们会举办"死亡派对"（其实我们可以给它一个不那么令人反感的名字，比如"永别派对"）。在这个派对上，自杀不再是可怕、罪恶的野

---

① 黑顶山雀是一种广泛分布于北美洲的小型鸣禽，最常发出的叫声是一串急躁的"Chick-a-dee-dee-dee-dee"。这种叫声是用来警告同伴潜在的危险，"dee"的数量越多，危险就越大。
② 五子雀属于啄木鸟家族，全身呈淡蓝色，有黑色条纹夹杂，羽毛比较绚丽且体型较小。五子雀能在树上倒着移动，是世界上唯一低着头活动的鸟类。
③ 林鸫，北美鸣禽，背部淡红褐色，胸部白色带暗点。
④ 西美草地鹨是美国西部很多州的州鸟。
⑤ 歌雀，此处指北美歌雀（又名歌带鹀），因叫声婉转动听而著名。

蛮行径,而是一件庄严的圣事①。希望回归食物链的人,生时若已竭尽全力完成了活着应当履行的使命,那么面对即将降临的死亡,他们可以和亲朋好友相聚,适当庆祝之后,服下药片,或者用任何安乐的方式,结束自己的生命。

这听上去与我们的文化是那样格格不入,可今天的人们在死亡咖啡馆和餐桌上都在谈论它——人们的观念已经发生了改变,传统的宗教信仰再也不能大一统了。我相信,有了死亡派对,许多原本想自杀的人会改变主意;即使他们执意要自杀,他们身边也还有关爱他们的亲朋好友守护,这肯定比他们自己偷偷溜进谷仓用草绳上吊,或者独自走进树林用短枪把脑袋打得稀巴烂要好得多。

顺着自己的思路,我想如果我们在成长过程中便学会,若想得到安宁和满足,自然的方式远比超自然的方式有效——因为超自然的东西只存在于人们想象中,看不见也摸不着——那我们面对逆境时便能泰然处之,因为我们会在俗世尘嚣外做些有意义的事寻求慰藉,而心里有了这样一份恬静,也就不太会生起蓄意自我毁灭的念头。我是有点儿自以为是,但我相信,假如我们所有人从儿时便受教知道,死后真正的来生其实就在这儿,就在这个真实的世界里,也许我们就能从活着的当下得到足以安抚我们焦躁灵魂的慰藉与平静。假如我们人人都明白,唯有脚下的地球才可能埋藏着我们想要获得的真正的满足,也就是永恒生命的真谛,我们才会开始有心相信,这个世界也许能享有真正的太平。

---

① 罗马天主教成员认为,圣事不仅仅是象征记号,天主使用被正确执行的圣事作为对忠实信徒传播恩典的工具。

第十一章
## 也许上帝就是一株纯红的鸢尾

我们这些邻居都叫他哈里森先生——就算我以前知道他叫什么名字,现在也想不起来了。他是第一位教我园林艺术的老师,后来又成为第一位教我生死艺术的老师。他向来话不多,除非是在说他的花花草草,尤其是他养的鸢尾。我们都住在费城北郊,他家就在我家对面,和我们只隔一条街。那时候,我和卡罗第一次奢侈地有了自己的小家,我们再也不用看房东的脸色啦。哈里森先生很瘦小(其实是干瘪),他早就过了应该退休的年龄。他的脸上几乎总是洋溢着神圣而安详的微笑,仿佛他已经看到了天堂的圣境,还见到了上帝。假如上帝真能让人赏心悦目,或许他还真就见着了上帝。他和妻子几乎就靠他们那块四分之三英亩的地完全做到了自给自足。尽管我和卡罗都在商业化生产运作的农场长大(可能也正是这个原因),他们夫妻俩这种住在郊区的小型农庄里过活儿的方式对我们来说还真新鲜。我们向哈里森先生讨教后,才真正没处羞去。和他知道的相比,我们的园艺知识,或者说农业知识,那叫一个相形见绌,更别说有关我们身边的野生动植物的知识了。

哈里森先生早些年给有钱人管过园子、看过门,也给他们的庄园做过园丁。如今,他只管给自己种些蔬菜水果,给几只母鸡喂些剩菜剩饭,而作为回报,母鸡就给他下蛋,还给他鸡肉。他把鸡粪和剪下的草屑制成堆肥施到园子里——这是多潮的事呀,可哈里森先生老早就这么干了。他可不是有机园艺的积极分子,他这么做不过是因为他的父亲和祖父都是这么做的,而且这么个做法又管用,还不需要掏腰包。他总是很惊讶,种瓜果蔬菜那些事不都是常识吗?怎么到他老的时候竟成了轰动的大事?而我却对他的栽培诀窍十分着迷。我的知识告诉我,要想植物长得好,就得用化肥,可他没用化肥却依然能让植物长得枝繁叶茂,而且他还会杂交鸢尾,培育出了好些新品种。他把鸢尾种球拿来卖,做点小生意。他的梦想,是要培育出能开纯红色花朵的鸢尾。他说,现在世上还没这种鸢尾,一旦成功,那就会值一大笔钱。可他自己倒似乎对发家致富不太感冒。我想,他准是料到,像我这样的人只有看见财富天使在招手才会对他的培育梦想感兴趣。没错,我还就吃这一套。

"如果种出了纯红的鸢尾,你打算做什么?"我问。

"再想办法种出一个乌黑的。"他不假思索地回答。显而易见,他钟情的是种鸢尾,不是钱。

不过,一想到靠芝麻点儿大的一块地也许就能衣食无忧,我还是激动得不行。我原来一直以为,要想管够吃喝、满足生活需求,怎么都得有一整个农场。现在我们有两英亩地,够不够呢?我看着哈里森先生捣鼓他的鸢尾。其实给鸢尾人工授粉培育新品种并不难,具体操作也不难掌握,只是,把花粉从雄蕊的花药传到雌蕊的柱头时必须十分小心,得确保不受其他花粉干扰。哈里森先生会把婴儿帽似的小东西罩在花朵上,挡住其他的花粉。切尔西绿色出版社在2012年出版了一本这方面的好书①,书里详细讲解了现在可以怎

---

① 此处指贾尼西·雷(Janisse Ray)的《地下的种子》(*The Seed Underground*)。

样做杂交。美国社会就是不习惯这种需要捣鼓的活儿。我们只会买现成的种子和球茎来种。在我们的文化里,有钱买东西就是成功的标志。我们从没想过,我们自己就能培育想要的新品种。

"你知道吗？中国人几乎个个都会杂交植物,小孩也会哦。"哈里森先生说,"这是他们文化里的东西。几百年来,他们改良品种,然后拿来买卖。他们都不需要种子公司。"

我不敢相信："几百年啊？"

"对啊。你觉得美国农业可以持续那么久吗？照我们现在的做法,美国农业都不够再维持个一百年。"

那时候,我为费城《农业期刊》做编辑,满脑子被灌输的思想都是：只要有化学和工业,美国农业就无所不能。但鸢尾这事却挺有意思。

哈里森先生的生活是简约派的风格。只要有他的四分之三英亩地,他就会忘掉外边的一切,因为那儿几乎就有他需要的整个世界。他很乐意待在家里。他说年轻的时候,就"看遍了想看的风景"。如果他站在鸢尾园里,周围又是松树,又是鸡窝,还有房子围着,他根本就看不到外面的世界是啥模样；或者说,外面的世界集中浓缩到了他的小小王国里。我现在就这么个感觉。五月底的鸢尾园,可与任何热带奇异植物展相媲美。只要周六早晨的宁静没被邻居们的割草机摧毁,你甚至很容易以为,只有自己一个人在那儿。照他那样生活,基本不用买啥。他啥都不缺,可不是嘛：要吃的,他有自己的粮食蔬果；要喝水,他有自己的水井和雨桶；要娱乐,他本身喜欢农作,娱乐就是工作,工作就是娱乐；要美景,他有自己的风情园；要挣钱,他有卖鸢尾种球的小生意。他若真想了解外边的世界,有电视和书籍足矣。

邻居迪克和伊莎贝尔和我们一样热爱园艺,他们也发现了哈里森先生这块"宝"。伊莎贝尔问他能不能教她杂交鸢尾,哈里森先生欣然答应了,还愿意一块教教我们。我也想试种纯红的鸢尾,但很奇怪,我和卡罗都觉得自己没空。不过好在卡罗已经开始种鸢尾了,而且此后年年都种。许多年过去,每当我看到自家的鸢尾在五月底如期怒放(我们的鸢尾地与哈里森先生的小世界相距数百英里),我都会想起哈里森先生——不经意间,他用自己的行动找到了一种突破死亡局限的方式,至少突破了一点点儿。

我们三家联合起来,成了新型本地食品协会的典范——当然,这个协会五十年后才有,所以说我们是典范嘛。迪克和伊莎贝尔梦想着有朝一日靠他们小小的蓝莓农场就能维持生计,而他们现在已经有很大一片果园了,就在他们那块两英亩地的后边,纱网①罩着。他们马上就要像哈里森先生一样开始养鸡了,我和卡罗紧随其后。后院养鸡在这时候还不是流行时尚,我们又赶在了前边。不过1940年以前,大家都在后院养鸡,也没觉得这有多稀奇。但有一阵,我家的鸡让一个邻居有些惊慌。不过,我给他送了些鸡蛋,他就没事了。另一个邻居倒是向我们买了些鸡蛋,但因为是第一次买,不放心又打电话来,说我们的鸡蛋肯定有什么问题。"蛋黄的橙色怎么这么深?"她说。卡罗只好宽慰她并向她保证,蛋黄本来就应该是那种颜色,不必担心。

周围的年轻人对我家的鸡很着迷。几个年轻人还花上大把的时间给母鸡们录音,而它们也还对得起观众,"咯咯咯"地叫,有时也唱上几嗓子。他们饶有兴致地看着鸡群,我则饶有兴致地看着他们,反正都能给逗乐了。我听了大半辈子的鸡叫,这个声音对我来说,就是儿时心满意足的感觉。可我怎么都不会想到,它竟会勾起城里人的好奇。他们觉

---

① 此处指防虫网,防虫网覆盖栽培除了能遮阳透光、通风防虫外,还具有抵御暴风雨冲刷和冰雹侵袭等功能,是一项增产实用的环保型农业技术。

得，我们的做法太令人惊奇了，后院不仅有吃的，还能听音乐，这主意简直跟人类本身一样古老。我自己倒是第一次被母鸡创造的美妙音乐打动，以前这么长时间我都没怎么好好听过。

听着它们的录音，我开始好奇音乐从哪儿来。我又想起了始与终、因与果的问题，我在学校读书的时候就没想明白过。宗教哲学家与物理科学家都选择了他们最喜欢的大前提，而且他们好像都有把握能根据因果逻辑推导出真理。我却觉得更复杂了。先有鸡还是先有蛋？农民在这里边起啥作用？没等母鸡下蛋，浣熊就想吃鸡，结果被狗赶跑了，这个因果该怎么看？鸡吃的食物又怎么算？鸡舍为母鸡遮风挡雨，大树为鸡舍提供木材……托马斯·阿奎那的《神学大全》①专门系统地阐释了因果奥秘，但卡罗给孩子们念的老儿歌似乎解释得更清楚：

> 农夫播种种玉米，
> 玉米收了喂公鸡，
> 公鸡清晨把鸣啼，
> 唤醒神父把脸剃，
> 剃了脸往婚礼去，
> 小伙子衣衫褴褛，
> 吻了姑娘把她娶，
> 姑娘孤苦又无依，
> 给皱角牛把奶挤，
> 牛角却将小狗抵，

---

① 托马斯·阿奎那（Thomas Aquinas），意大利哲学家，被天主教会认为是历史上最伟大的神学家。《神学大全》(*Summa Theologica*) 是他撰写的最知名著作，书中以亚里士多德式的逻辑，把神学的知识加以论证和系统化，总结和归纳了天主教信条背后的原理和目的。

小狗撕咬小猫咪，
猫咪捉住了耗子，
耗子吃掉了麦子，
麦子堆进了屋子，
杰克盖起大屋子。

人类的音乐在何时何地起源？先有人还是先有音乐？是我们 DNA 里的基因慢慢让我们开始了歌唱，还是人类听到自然界的声音后，才欣喜地发现自己也能模仿自然之声？

我问哈里森先生怎么想。他望着别处，微笑着回答："也许母鸡是因为听到人唱歌才开始唱歌的。"

我们居住的这片郊区又让我想起"永久"这个话题，确切地说，应该是"事无永久"，因为我们身边全是"无常"留下的痕迹。我们后院有条被杂草覆盖的老犁沟，它还穿过邻居家的后院。这个发现让我挺惊奇的。可是，除非一直都住在沃泊尔溪边，否则一般人都不知道，这条又直又细还长草的长沟究竟是多久前的人们犁地留下的。后来，我认识了一位住在这儿的老人，他都九十多岁了。我问他这件事，他就点点头："没错，你住的地方在我年轻的时候是一个农场。我记得我在那制过干草。"

房产住宅区间有些荒地，我喜欢步行穿过那儿去北威尔士或者格温内德谷站搭通勤列车①。地里有些荒废的农庄，房子什么的都挺好，只是没人。周围全是新树，树龄在三十年左右。一个老谷仓的边上甚至还有个能用的泉水屋②。看上去，这地方的主人像是大约半个世纪前就离开了，然后再也没回来。于是，周围又建了一座座房屋，而屋里住的人

---

① 通勤列车，供旅客上下班往返的短途、市郊客运列车。
② 过去没有电冰箱，住在郊区的人便在泉水流出的地方搭建个小房屋，泉水能使屋内全年保持低温，用于冷藏食物。

却已不知道,泉水上面的小房子有什么用,尽管附近十字路口就有个村庄叫"泉水屋"。

"无常"的影子无处不在。有一天,我们在泉水屋村转悠,发现我们刚吃过午饭的百年客栈对面有一座古老的建筑。我们眯着眼睛往门缝里看。原来里边是个铁匠铺,到处都是马蹄铁之类的装备和打铁工具;看样子,铺子老板只是在某一天关了门歇业,可实际上却再也没回来。这还真是个老古董博物馆。想象一下,在举步之遥的地方建一个现代化的购物中心会与之形成怎样的反差?"无常"之所以让这一切变得格外神秘是因为,每当我向当地人问起这些昔日遗迹时,他们几乎都一无所知;他们和我们一样,都是后来者。无论是铁匠铺、废谷仓、泉水屋,还是你怎么也想不到而至今却依旧竖立在格温内德站台的拴马柱,对生活在新住宅区的人来说,它们都属于遥远的过去,就像沃泊尔溪边上的土丘对我们来说一样,遥不可及。

每一年,我都能看着岁月一点一点地吞噬哈里森先生的活力。终于有一天,他问我,能不能帮他启动割草机,他没那么大劲儿拉启动绳了。还有一天,他在家里杀完鸡,一瘸一拐地过马路到我家来买鸡蛋。他从黑色的小钱袋里慢慢摸出硬币——我的祖父过去也随身带那种钱袋。我们不想收他的钱,因为他给我的种种建议,园艺啦,种树啦,可比这值钱多了。但他坚持要付钱,不然他就不安心。我只好接受了他的硬币。

即便妻子去世,哈里森先生脸上的笑容一开始也没因此而黯淡。可他越来越虚弱,我就常常闲晃到他家去看看,确保他一切安好。他有亲戚照料,不过我照看他很方便,况且,我也需要这样一个借口去拜访他,向他请教园艺方面的问题。下午,他会坐在那片鸢尾地旁的树阴下,在他的"花园椅"里熟睡。我觉得那真是一幅绝妙的画卷:一个老人完全沉浸在自己平静的世界里。于是,我会悄悄地溜走,生怕打搅他;如果他醒着,或者在我走近的时候醒了,我们就会谈谈天。

"你怎么看待死亡?"有一次他冷不防地问。

我吓了一跳。"死亡"这事在那时候离我还有点儿远,我根本没考虑过这个问题;我一门心思想的,都是怎么赚钱糊口,毕竟我干记者这一行没接受过任何专业训练,要拿稳饭碗,可不得花点儿心思嘛。"什么意思?"我问。

"如果我就坐在这儿,就在我的花园里睡着死去,不是很好吗?"

很多年以后,我才有了类似的想法,所以当时的我面对这样的疑问,只是被惊得不知所措,无言以对。谈论死亡这个话题终究不太礼貌,就好像告诉别人说,某某某在银行里存了多少钱。

"你知道吗,他们想把我送到老人院去。"他直勾勾地看着我。

可我还是不知道该说些什么。

"你不能阻止他们吗?"他的声音有点儿急迫。

我脑袋里乱糟糟的。我怎么可能插手呢?以当时的情形,这事我压根就管不着呀!但是,他话里有话,铿锵有力,发人深省。我们这儿不都万事俱备了吗?邻居们都在本地工作,住得又都很近,我们完全可以召集大伙,想办法照看哈里森先生,就像阿米什人照料老人的方法一样①。一个真正意义上的社区根本不需要养老院。

我看着地面,咕哝说:"我不知道自己凭什么这么做。"

他微微点了点头。他当然明白,这是不可能的。但他害

---

① 阿米什人认为,团体精神比个人主义、协力比竞争、灵性比拥有的物质更有价值。阿米什人反对个人主义倾向,拒绝使用节省劳力的技术,以免不依赖邻居的帮助。

怕离开自己的小天堂,这是带给他慰藉,让他感到快乐与安全的源泉。这种担心被带走的恐惧让他愿意考虑任何不可能的事。"如果他们非得让我去,我无论如何都要饿死自己,"他说,"在这儿饿死都比在别处舒服。"

这时,我开始坐立不安了,甚至有点儿害怕。我从来都没设身处地想过自己年老无助的时候会是什么样。

"你相信有天堂吗?"他问。见我还是没答话,他又说:"也许这儿就是天堂。"

"也许上帝就是一株纯红的鸢尾。"我想都没想,脱口而出。

他又露出了他招牌式的大微笑。就在他转过头去的一瞬间,我想我看到他在点头表示赞同,那个动作细微得几乎让人觉察不到。

有一天,哈里森先生不见了。没错,你猜对了。我们得知他被送进了养老院。为了找个理由减轻我们的罪恶感,我们一致同意"这是最好的安排"。不久,我们听说他死了。而我,没有打听细节。

很快,鸢尾花园和松树林也不见了,取而代之的是一座新房,就在原地上。它怎么看都像是一种亵渎。这时,一个推销员到我家来卖墓地。我莫名地感到惊恐,甚至感觉受到了侮辱。我用近乎粗鲁的方式把他打发了。竟然有人胆敢妄想我会死?世上的一切无时无刻不在飞速发生变化,而我却后知后觉。我依旧认为,死亡是件非常非常遥远的事。我只是决心要找到这样一个地方生活:在这儿,新房不能比老人、鸢尾花和松树林更重要。我以为世上真有这样一处地方。我仍然盲目相信"永久"的存在。

第十二章
## 大自然的那股子韧劲儿

早在19世纪80年代，从我家附近流过的桑达斯基河居然在七月就全结冰了，于是每个教堂的讲坛都传来了世界末日的声音。很少有人知道，1883年的时候，印度尼西亚的大火山喀拉喀托爆发，喷出了大量的火山灰飘荡在空中，遮天蔽日达数年之久。不过就算告诉他们，很多人应该也不会相信，所以还是鼓吹世界末日要有趣得多。一听到这个消息，人们就只会往教堂的募捐篮里塞钱，劝上帝改改主意；人们这么爱奉献，上帝当然会改变主意咯。皆大欢喜。尤其是牧师，因为每次坏天气顺利过境都能再一次向信徒们证明：真有仁慈的主，他确确实实存在。还有，教堂也确确实实缺钱装个新炉子。

想象一下，假如那样恐怖的事发生在今天会怎样——"全球变冷"会成为热议话题，我们也得赶紧烧更多的煤、石油和天然气，这样全球变暖的日子才会回来。

2012年夏天，美国大部分地区都遭受了大旱。据说，它不仅堪列中西部地区有史以来最严重的一场旱灾，也是全球变暖的标志。到了八月，我也中了那个经典魔咒——人们动不动就唱世界末日的调调——感觉世界末日好像真的开始了。1888年夏季冰冻的事，我一点教训都没吸取。1988年几个月不下雨的事,我也还是没长进。那一年从4月11日到7月17日,我们的农场就没下一滴雨。我就是相信,末日不远了,大伙儿都快完蛋了。20世纪整个30年代,恶劣的天气几乎成了家常便饭,我的父母也不禁相信,末日就要来了。那时候,我们还不知道有全球变暖这回事,想找个替罪羊都不知道还能怪谁。

要是让今天的美国人赶上河流在七月就全冻住,他们准会开始自杀,那个自杀率比起我们现在看到的一定有过之而无不及,他们偏执着呢。热忱的基督徒会把每个教堂的金库都塞满钱,反正这玩意儿也快没用了;热忱的科学家肯定会提议造火箭,这可是现代版的诺亚方舟①,造出来就能把他们送到某个星球上,那儿总是阳光普照,但需要下雨的时候它就会下雨,还不会胡乱下暴雨(有意思的是,肯塔基州在2012年竟然真的建起了诺亚方舟。他们说是为了吸引游客,但或许福音派信徒才知道我们不了解的内情。我只想知道,怎样才能逃过下一次大灾)。

我们为每况愈下的环境发愁固然情有可原,可一味的担心却蒙蔽了我们的双眼,让我们看不到大自然惊人的自我修复能力;其实只要我们稍加留意,它在我们身边就随处可见。拿我有把握的事来说吧,原子弹炸毁了广岛却没能炸毁那里的银杏;1980年,华盛顿州的圣海伦火山爆发后,火山喷出的熔岩还在慢慢冷却,那一带的植物就已经开始复苏。我在书中②也读到,世界贸易中心上的一棵豆梨树在经历"9·

---

① 诺亚方舟(Noah's Ark),又译挪亚方舟,是一艘根据上帝的指示而建造的大船,依原说记载为方形船只,但也有许多绘画描绘为近似船形船只,其建造的目的是让诺亚与他的家人,以及世界上的各种陆上生物能够躲避一场上帝因故而造的大洪水灾难。

② 此书指简·古多尔(Jane Goodall)与盖尔·哈德森(Gail Hudson)的《希望的种子》(*Seeds of Hope*)。

11"恐怖袭击后照样活着。切尔诺贝利核事故①发生后,当地的自然环境遭到了毁灭性的破坏,但它的复原速度却比科学家预料的快得多。最近,《纽约时报杂志》(The New York Times Magazine)也刊登了一个关于自然修复的好实例。文章②里说,日本有一种水母,虽然是低等动物,却几乎永远不会死。只要在它的自然生长环境下(哪怕是在皮氏培养皿里,只要有它需要的环境),这种水母就会不断自我更新,循环往复,永不停歇,或者说,至少到下一次桑达斯基河会冰冻的7月,它都不会停。即使受到攻击都快死了,它也会重组自己的生理结构,完成更新,获得再生。新久保田是一位专门研究水母的科学家,我很喜欢文章里他的那句话:"聪明的人类完全有能力实现生物学意义上的不死。问题是,我们不配。"

　　那些不是我亲身经历或者直接接触的例子,我就不太想举了,因为太多作家见过或者专门描写过远方大自然的顽强修复力。对我来说,光是看我们这儿的停车场路面都够震撼了,还是铺过沥青的地,野草却照样钻出来。我们以为自然的过程,其实多么令人敬畏!

　　日益增长的人口与不断发展的商品农业都在极力破坏我身边的自然环境,可它恢复起来却比预料的快得多。1950年的时候,白尾鹿在我们县已经消失得无影无踪,可现在,它多得就跟害虫似的。昨天的俄亥俄州田野看上去还好像一个巨大的棒球场内野(只不过这"内野"上还种着玉米和大

---

① 切尔诺贝利(Chernobyl)核事故(或简称"切尔诺贝利事件"),是发生在苏联乌克兰境内切尔诺贝利核电站的核子反应堆事故。该事故被认为是历史上最严重的核电事故,也是首例被国际核事件分级表评为第七级事件的特大事故(目前为止第二例为2011年3月11日发生于日本福岛县的福岛第一核电站事故)。

② 文章标题是"永远永远"("Forever and Eve"),作者为纳撒尼尔·里奇(Nathaniel Rich)。

豆),现在你再看,水獭、野火鸡、海狸、黑熊、山猫、郊狼和老鹰,全回来繁衍生息了。几年前,一株黑胡桃树苗从我家的芦笋地里冒了出来,我贴着地面把它给砍了,心想这样就能摆脱它了(胡桃树根分泌的化合物胡桃醌会杀死芦笋)。如你所料,它又长回来了。我就再砍,它又再长。我就好奇了,开始数它到底要长回来多少次。几年下来,这顽固的小苗被我斩首了十四次,每次它都长回来。我又恼火又好奇,干脆用枯叶把它盖住,点了把小火,想烧它个片甲不留。可它还是长回来了。阴魂不散。我只好挖出它的根,干掉这看上去弱不禁风的小树苗。

在追求不死这件事上,树木比人类领先。恐龙还在地球上悠闲漫步的时候,悬铃木(我透过办公室窗户就能看到一棵)就已经在迅速繁殖了。在我的家乡桑达斯基,有一棵悬铃木,就在桑达斯基河畔。整个19世纪末,人们都最爱上它那儿聚会,就连七月冰冻的那一年也不例外。当地人都相信,它是密西西比河以东最大的悬铃木,不过这事我早听说了。一本介绍当地历史的书上有一张它的照片。照片里,这棵悬铃木在1900年的时候有七根树干,每一根都相当粗壮,很是傲人。它们围绕最早的那根主干生长,而主干明显已经烂掉了。估算起来,这棵树已经两百多岁了。民间传说,这块地的主人喜欢猜忌(或者妒忌),看不惯年轻人在树阴下嬉戏野餐、饮酒交友,于是企图放火烧掉它。精通不死奥秘的悬铃木才不会答应。直到1903年的一场狂风暴雨,它才终于倒了下来。不过请放心,在我沿着桑达斯基河畔玩耍的那些年,河边依然有很多悬铃木,绿荫浓浓,而且我有种预感,恐龙重回地球的时候它们也还在那儿。

美国东部现在的森林覆盖面积比一百年前大,这让很多人感到惊诧。我倒没觉得有多难以置信。我在林地里住了这么长时间,又亲眼目睹过植物们从不放弃生长的强大生命力。树木从四面八方向我逼近,可我越来越年老体衰,感觉要是没有一场森林大火或者七百加仑的农达①,想要制约它们的生长着实困难。我们以为树木的生长慢慢吞吞,可只要我背过身去,对田地不闻不问,也不打理林地,一年不到的时间,那些小苗子就跟装了弹簧似的,要蹦到太阳跟前去。野草和灌木就长得更快了,没等树苗醒过神,它们就抢先长了起来。一个夏天的工夫,一丛自生自灭的野蔷薇就把它的地界翻了两番,够让我惊异的。灌木丛下的小树苗也缓过劲来了,窸窸窣窣地后来者居上,五年之内,它们的个头都会高过野草,赢得阳光,冲向云霄。

过去我常被新闻弄得担惊受怕,它们接二连三地报道树木得病的消息,今天说这种树病得要绝种了,明天又说那种树遭虫害也要绝种了。舞毒蛾就在危害东部的森林(人们把那片山林夷为平地后,树木又恢复了生长)。但不管是树病还是虫害,森林都应对得不错,活了下来。接着,荷兰榆树病②又让美洲榆全军覆没,或者说,我们以为事情如此。现在,榆树又长回来了——我家小树林里就有二十棵榆树,透过窗户就能见着。今天,花曲柳窄吉丁又快把白蜡树杀光了,或者说,我们是这么听说的——透过同一扇窗户,我也能看到死去的白蜡。但是,我同时看到的,还有好几百株小白蜡苗,一点不夸张,真有这么多。它们很可能会在花曲柳窄吉丁死光光后继续生长,就像当年的榆树苗一样,欧洲榆小蠹携带的病原真菌都被消灭了,它们却还坚强地活着。美国农业部林务局刚刚发布报告表示,之前预测西部的松树林会

---

① 孟山都生产的旗舰产品农达(Roundup)是全球知名的草甘膦除草剂。
② 荷兰榆树病,1919年首次由荷兰报道的致死性榆树真菌病,曾广泛摧毁全欧洲及北美洲的榆树。其致病原是一种霉菌,透过生活在榆树树干的榆小蠹作媒介传播。1930年始见于美国,并迅速蔓延至极易感染的美洲榆的生长区域。

被另一种小蠹灭绝,现在看来,那样预测为时略早,死树和病树的数量目前已大幅下降。原因非常合乎逻辑——小蠹能吃的树越来越少,所以小蠹自己的数量也在减少。林务局说,对松树林的恢复来说,这真是个好消息;但他们又补充道,这种事都具有周期性,新的病虫害势必还会来。

这是人类的说法,森林不会这么说。人类看到的永远是会循环的周期,因为我们想问题的时候,总会考虑"始"与"终"、"因"与"果",我们会考虑时间的流逝。森林不同;它的每次行动只落在永远的当下。死亡不是终点,也不是尽头,而是另一种开始。树木们不是在早已注定的周期里循环生灭,而是穿行在一个又一个偶发的零星片段里,永无止境。我绞尽脑汁想找合适的词语描绘真实的永恒,可我找不到。正如埃里克·托恩斯迈耶在《天堂般的沃土》①中所写的那样:"(演替)②没有开始、中期和结束的区分,也没有一个可以被称作'高潮'的点。在一片广袤的土地上,它的情状千姿百态,它的结果也难以准确预料。但是可以肯定,它的发生,只因某一'块'指定的土地受到了干扰。"

此时此刻,许多人又在为橡树(特别是白橡)搓手③干着急,因为它们正遭受病虫害的侵袭。要是几年前,我也会在那儿把手搓来搓去;现在,我不搓手了,我磋商;我每天和家门外的那一丛橡树磋商——两棵大果栎,五棵白橡,三棵黑栎,还有一棵针栎和一棵红橡。它们向我保证,一定比我长寿得多——它们现在就已经全都一百多快两百岁了。橡树作为一个物种继续生存下去的话一定会受到若干威胁,但树

---

① 《天堂般的沃土》(*Paradise Lot*),切尔西绿色出版社2013年出版。
② 随着时间的推移,生物群落中一些物种侵入,另一些物种消失,群落组成和环境朝一定方向产生有顺序的发展变化,就是演替。它是植物群落动态最重要的特征。
③ 英语里,人们通常因为忧愁、焦虑而绞扭双手,但往往他们做这个动作的时候,对眼前的境况又束手无策。

木的字典里也不会有"威胁"这个词。只要树木的生长还受气候影响,我们就还有各类树木作伴;假如我能再活个一两百年,我敢打包票,这些橡树全都还在这儿。

枫树也挤进了小树林,威胁到了橡树的生长。枫树浓密的枝叶肩摩着肩,把橡树需要的阳光全给遮住了。林务员告诉我,欧洲人到来前,解决这个"问题"的一种自然的办法便是用火烧。这么说来,人类有时会故意放点火。你要是看见哪儿立着一片白橡或大果栎,那儿准是大火给它们烧出的活路。人还真够聪明的,懂得利用橡树的那股子韧劲儿。白橡,尤其是大果栎,经得住一些火烧。火焰蹿过森林的时候,这些橡树会因耐火活下来,落下橡子,生根发芽。这样,比起那些耐荫性强一些的树种,橡树便赢得了生长的先机,而只要有阳光,橡树都是老大哥。

但我比较相信,橡树之所以能活下来并且能继续活下去是因为,它们生长的地盘是马赛克镶嵌型结构,一小格一小格的,就像托恩斯迈耶说的,每一个小格都得各自为战。有些树总能战胜各种病虫害,因为它们比那些"威胁"活得还要长久。橡树就深谙生存之道。吃橡子的动物越来越多,一度我都担忧,增殖的野生动物会不会吃得太多,橡树都没种子长新树了。我还特地留意了就在我家房屋边上的那棵白橡。前两年冬天雪还不厚的时候,有一群鹿(大约七头),每天晚上都会来这儿。它们凭着嗅觉把雪下的橡子找出来吃。好些松鼠和花鼠也带着自己的全家老小上这儿来享用橡子大餐。冠蓝鸦和野火鸡也多起来了,它们也不会错过自己的那一份美餐。不过野火鸡很害羞(我猜的),不敢太靠近屋子。不管怎样,我百分之两百确定,前年落下的橡子都被吃掉了,去年的春天不会有橡子发新芽。你猜怎么着?四月的时候,我竟发现了五十株橡树苗,而且还不止这么多,我都没耐心数下去了。我们人类还真搞不懂大自然的效率,因为在我们看来，它那一套太没效率了。一棵成熟的橡树在丰收的好年份会落下成千上万粒橡子。每一个世纪，只要有一粒橡子发芽、生长，它们这个物种就能得到延续。它会积蓄能量，等待丰年，时机成熟，又会有成百上千的新树苗萌芽生长。

　　白橡子的坚韧特别使人震惊。十月，它投向大地的怀抱。几个星期不到的工夫，躺在土表的它就能向地下扎根五英寸。我仔细观察过被寄生虫吃掉了一半的橡子，它们扎根的速度并没因为残缺而有丝毫减慢。春天，主根生出许多小根，小树苗也破土而出迎着太阳生长。

　　大自然的那股子韧劲儿在大旱过后尤其引人注目，例如2012年我们撞上的那次。早熟禾与白三叶是我们牧场最主要的牧草，可它们在六月就枯萎了，结果到八月底，一些区域光秃秃的，只剩下土。好在一下雨，早熟禾又疯长起来，一眨眼就盖住了裸露的土地，还把同样想趁机长一长的羊茅挤到了边上。十一月，我的牧草肥厚丰美，羊群一时半会儿是吃不完了，吃到来年一月都行，那时积雪还不深。可事实上，羊群在新年三月的时候还啃着上一年的早熟禾，而四月的时候，新草又长出来了。也就是说，虽然我在六、七、八月没能放牧，但是我的羊群从九月起就又吃上了牧草，而且一连吃到十二月都没问题。它们甚至在冬天的一段时间里都还有草吃（那年冬天只下过一次大雪，除了那次，其他时间积雪都不深）。某位牧草专家声明，早熟禾不是一种"可取"的草料，理由是早熟禾会在干燥的夏末休眠而停止生长。每次我听到这个声明几乎都会用尖叫表示抗议和不满。我家牧场上的早熟禾总能说明问题吧？

　　我的牧场还告诉我，其实人类不用像现在这样每年都耕地，还有更好的办法可以用来追求"不死"。如果生命真的可以永恒，我们需要更好地聆听大自然的声音。它会保证向我们源源不断地供应食物，旱年也不例外。我们不用建方舟或造火箭,只需在土地种上多年生植物。也许将来的某位词源学家会发现,原来古老的《圣经》一直都没翻译对,诺亚建造的也许并不是一艘方舟,而是一片常年水草丰美的高地。

## 第十三章
## 欧洲防风的长生秘诀

欧洲防风[①]真是种让人费解的蔬菜。它至少从古罗马时期就开始出现了,现在又几乎总是陈列在食品市场的货架上。大批人发誓,对它的爱至死不渝,可似乎又没见着他们的人影。他们肯定都是隐形人,因为除了我们家,我就没见到有谁真在买它,或是真在饭桌上吃它。我们也只是在出产的那个季节吃。这群欧洲防风的忠实粉丝一定有个古老又保密的协会,他们只在内部分享对它的嗜好和烹饪它的秘方,免得整个世界发现它有多美味,也就免得大伙为了这美味在杂货店里抢购他们的挚爱。

我总觉得自己和欧洲防风之间存在着某种强烈得有点儿诡异的联系,因为就在我种下它们的那一年,母亲去世了。接下来的整个冬天,只要我看到那片地,上面还垛着一堆叶子,我就会想起母亲的坟墓。起初,这会刺痛我的心。但是到了冬末,一挖出皱巴巴的防风根,我的心就好受了些,仿佛它们一出土,母亲也就活了过来,这种感觉有些奇怪。为此,

---

① 欧洲防风(又名美洲防风、欧防风等,民间俗称"芹菜萝卜"),其根味甜而独特。它不同于中国中药用的防风。欧洲防风的耐寒力很强,冬季在田间能安全越冬,就算是在0℃以下的环境里,地上部分被冻死,翌年早春其根部又能萌芽生长。

我写了一首诗——《根》：

> 她告诉我："你得在七月早早把它们种下。"
> 做儿子的却不知往日里的种种快乐。
> "二月霜冻一来会带走所有的苦味①。
> 做好了，它们便是新年第一道美味。"
>
> 于是我就种下防风，盘算着，二月一来，
> 就把它们给她送去，不然有谁能做出那样的美味？
> 我们一同品味防风，品味别人眼中的那些无所谓，
> 反正那些老东西只会让我们这类人津津有味。
>
> 可二月没有为她来，来了十一月，
> 带来寒冷的天气与别样的残酷。
> 防风顶上的绿叶坠落并逝去，
> 原来残酷与严寒没关系，是它们该离去。
>
> 那些叶子堆叠在我的园地里长眠，
> 叶下舒适躺着不觉寒冷的防风根。
> 驻足于此久久凝视低低的小叶墩，
> 今天它怎么看起来就像妈妈的坟。
>
> 这是她与我的灵魂最后一丝纤弱的联系，
> 连着逝去的往昔与新生的来日，
> 连着一个挥手告别的老妪，
> 和一个要站稳脚跟的小子。

---

① 夏末，欧洲防风根的主要成分是淀粉，经受一段时间的低温，许多淀粉转化为糖。

可来年二月，谁会烹制这道美味？
谁将它与有趣的老东西一块品味？
到时的霜冻，
还能否带走所有的苦味？

悲伤使我更想了解防风，好像这样我就能让母亲"奇怪"地活着。以我有限的经验来说，防风种子发芽速度慢，等它长出来的时候，野草都领先好半天了。不过，一旦防风高过了野草，它们就所向披靡。我们把防风根当胡萝卜来烹饪，发现它抹上黄油的味道还行。当然了，只要抹上黄油，啥都比原来好吃，连硬纸板都能变美味。我能读到的蔬菜"文献"极少提及防风，可是提到的呢，又有点儿自相矛盾。比如说，皮特·亨德森在1867年首版的《园艺好赚钱》(*Gardening for Profit*)里就建议，经营商品菜园的人不要种防风，因为它不太赚钱。后来，他的态度又一百八十度大转弯。他说，有一年，市场上防风短缺，他就和员工们在冰天雪地里"用撬棍、鹤嘴锄和楔子"挖防风。结果，挖了半英亩多一点的防风就卖了八百美元——那可是1860年的八百美元。

20世纪90年代，我终于在印第安纳找到了真正的防风粉丝，于是我拜访了他。他叫约翰·麦克马汉，1995年出版了自己写的一本小书《农夫约翰在户外》(*Farmer John Outdoors*)。这本书充满乡土气息，读来清新愉快。在书里，他对欧洲防风大唱赞歌。"我不能没有它，"他写道，"它是懒人种菜的最佳选择。"他说，有的防风根有18英寸那么长，粗得跟人的前臂似的。他认为，虽然欧洲防风在20世纪40—60年代的魅力大不如前，但那只是暂时的，它正在东山再起。

我感觉他说得很对。时隔多年，确切地说是在2012年，我在博客上对防风的味道大批特批，惹恼了读者，招来了各种反驳。尽管有读者承认,饿得发昏的人才喜欢吃防风,但还是有很多读者毫不含糊地告诉我,我只是不懂如何才能把它们"做好了",这和母亲说的一样。他们给了我多种多样的建议,可以把防风做得超级好吃:切片,涂上点儿橄榄油烘烤;直接烤,抹着黄油吃;和番茄或芜青一块儿捣成泥;煎炒成焦糖状;用来炖菜或者炖汤。有位读者还专门提醒我,使用防风得适量,否则很容易抢掉其他蔬菜的味道。读者们都认为,烘烤能勾出防风根特有的甜味。这种甜味,必须是在地底下捱过寒冬的防风根才会有(如果是在秋天挖出来的根,放到冰箱里冷冻一段时间也能变甜)。正是这种甜味,它才如此可口,才会让它的粉丝们神魂颠倒。其实,传统的酒就是用欧洲防风酿成的。当然咯,要是你嗜酒如命,可能除了花岗岩,你啥都能拿来酿酒喝。

种欧洲防风和种胡萝卜很像,它们是亲戚。种之前,将种子冷冻或者用水浸泡二十四小时,它就能早些发芽。种子越新鲜,这个办法就越管用。但它们似乎想证明自己是多么爱与人作对,总是很轻易就自个儿把种子播到了地里。于是,那些喜欢让庄稼自个儿照顾自个儿的人就有了独特又有趣的习惯——他们会留块地常年种防风,由着它们每年在那儿自播自种。我听说,它们会长到五英尺那么高,开的花还挺好看。

欧洲防风的茎叶里含有香豆素,这种带毒性的有机化合物能使防风免受昆虫的侵害。但若是人中了它的毒,说话的时候,舌头就会扭搅得发痛。不过经我调查,防风的根不含香豆素,所以,如果你种了防风,它其实已经自带杀虫秘器。

如果欧洲防风能说会写,它们就可以告诉我们长生的秘方。这个秘方就算在别处不管用,在园子里还是久经考验的。要是采访防风先生,他就会给我们一大堆的建议,全是他数百年长生提炼的要诀:

首先,得培养一种自力更生的倔脾气,这样会赢得众人钦佩——也许政客和教会里的当权者对此不以为然,因为他们只想要"臣民们"在他们面前低头哈腰、唯命是从。要学会在寒冬冻土中生存,或者,对你们人类来说,要学会安逸地度过经济衰退。我们防风知道怎么在冰冻的泥土中抗寒,更知道怎样让自己经过苦寒后变得更香甜。此外,必要的时候得确保种子会自落自生,这样才能基本保证生命能永远得到延续。

其次,要像我们防风一样形成鲜明的个性。我们的味道只受少数人赏识,不是大众口味。你得吸引独具慧眼的少数人,而不是取悦那些向来只对金钱交易感兴趣的大溜派。你这棵植物要是太招人喜欢,捣鼓基因的那些人就会用生物工程把你弄得面目全非,人们就再也想不起你是谁。

第三,在公众面前别打扮得太漂亮。现如今,人人都喜欢穿戴得精致华丽,如果你也学样跟风,你反而会被忽视。更惨的是,人们会叫你牵头募捐。可如果你看上去骨瘦如柴、饱经风霜、皱皱巴巴,和我们防风一个样,某大厨就会对你感兴趣,让你一举成名。

## 第十四章
## 杀猪日

我们对自家农场的牲畜呵护备至,疼爱有加,有时为了保全它们的小命,我们不惜拿自己的老命来冒险。然后,我们会杀了它们,把它们吃掉。我在农耕文明中长大,对这一切司空见惯,也没觉得这么做有什么不对。吃肉在生活里必不可少。上帝创造的万物里,有啥能比在杀猪那天吃上嫩里脊和新香肠更让人满足呢?或者,有啥事能好过一年三百六十五天天天有猪排吃呢?再或者,有啥能比火腿强呢?那是用盐腌过再用糖腌,还在烟熏房里挂了好几个月的火腿哦。这些都是生活的乐趣,至少孩子们觉得,宰杀牲畜的那天更像是一场聚会,不仅一大家子能聚在一块,街坊邻里也会来搭把手。我印象最深刻的,是在祖父家农场里的那次屠宰。我似乎都还能看见祖母和她的姐妹们坐在厨房里,每人大腿上都放着一块木板,她们就在那上面"清肠",也就是把猪肠里的下水杂碎刮出来。一番细致的剥刮清理,再把猪肠从内向外翻过来,用来做香肠的肠衣就准备好了。这可不是什么轻松有趣的活儿。我记得,那些女人总把束发带扎得紧紧的,因为屠宰日劳作的高压会让她们头疼得厉害,就连她们彼此说话的时候都经常是在哭。我以为是那些臭熏熏的活儿太可怕——有时从猪肠刮出来的粪便里还有蛔虫!但是几年后,我问起母亲,她却微微转过身去,轻描淡写地说:"谁有她们那样的老公,谁都会想哭。"

卡罗却说,实际上她很喜欢清肠子,也喜欢从小时候起大人们就让她帮忙干的那些活儿。她可以很详细地描述怎么在案板上把小肠里的脏东西挤出来,又怎么巧妙地把清理干净了的肠子翻个里朝外:先把肠子一头向外翻折起来一点点,拿住它,然后往翻折形成的褶皱里灌水,肠子就会像伸缩望远镜一样由内朝外展开。我真想知道这是谁想出来的妙招,更想知道,起初人们为什么要把香肠扎成一节一节的。

终于轮到我来继承杀猪的老传统了,我得总指挥。于是,这个寒冷的初冬早晨,我坚定地朝猪圈走去,努力让自己显得很开心——至少我们早就不用干清肠子那样的活了(我们现在的香肠可不是一串串的,我们把它们做成了肉饼冷冻保存)。儿子、女婿和好些家庭成员都和我一道,装出一副英勇威武的样子。我们都不喜欢这事儿,所以大伙都在虚张声势,掩饰心里的厌恶。以前,长辈们在杀猪这天都要喝度数很高的烈酒,这样才好干活。而这次,我们谁都没喝酒,大多数"妇道人家"也都待在屋里,免得看到杀猪的情景。她们有些也不让自己的孩子出来看,尽管她们常常讨论说,"不妨让他们现在就见识下真正的世界,反正他们早晚都得知道的"、"想吃肉,就得知道肉是怎么端上桌的"。孩子们自己呢,作为基本上在电脑屏幕前长大的第一代人,个性不同,对杀猪的反应也不同。我们那代人还小的时候,看到最血腥的屠宰场面都不会闪躲一下,"新生代"却大多对这件血淋淋的事十分反感。一直喜欢给猪挠痒痒的玛蒂尔达和佩图尼亚天真地看着我,眼睛里又气又困惑。我只能低垂着眼睛,无奈地说:"想吃肉,就得有人来当恶人干坏事。"

杀猪这天最糟糕的事就是"杀"。猪一死,切肉都好,起码看起来不是立即夺去生命——更像是在高中的生物课上解剖青蛙。我和儿子负责上阵杀猪。他手持口径 0.22 英寸的左轮手枪,为了确保瞄准精确,他把枪紧贴在猪脑袋上,猪对他没起半点儿疑心。子弹正中前额颅骨中央,比两眼连线低一英寸。我知道,他非常讨厌干这事,但别的事会更使人生厌。两人协作比一人单干能好些。子弹把猪打晕了,它像岩石一样重重地跌倒在地。我把猪翻过身来,让它侧躺着,这样我就可以把刀插入它的喉咙,刺进颈部静脉。要是我刺对了地方,血当即就会喷涌而出。可有时候,我得上下左右扭一下刀尖,血才会涌出来。这不仅令人作呕,还很危险。因为刀一刺进去,猪就开始四处猛踢,有时会踢中屠夫,挫伤他的手,有时甚至会因为踢中屠夫的手臂而顺带把已经插进猪喉咙的刀给拔出来刺中屠夫。这真的发生过。看见那头猪饱受死亡剧痛的煎熬,挣扎翻滚,惨烈嚎叫,我明白了为什么杀猪这天常要威士忌相伴,也明白了为什么我一个最好的朋友选择吃素。他没有什么崇高的理想,他只是觉得没有肉的饮食让整个农庄的家庭生活简单得多。

放猪血要花一两分钟时间。从前,人们会用一个盆来盛猪血,让它凝成"血布丁",但我们现在也不按传统那么做了。猪一停止挣扎,我紧绷的神经也松弛了下来。但接下来的工作也不太轻松,不过对付没有了生命的猪终归没那么让人紧张。我先切开猪后腿上的皮,露出两腿的肌腱,再把肉钩从肌腱下穿过去钩住,肉钩的另一端则卡在一个木制三脚架形成的"V"型口上(三脚架的每支脚大约十英尺长)。好几个壮汉一齐使劲儿才把三脚架慢慢立起来——这上边可吊着大约两百磅重的猪呢!这活儿可得使巧劲儿,熟练才能做得好。一两个人负责推开一支架脚,其他人负责确保另外两支架脚牢牢咬住地面不滑动,直到把猪架起来。三脚架一立好,猪就头朝下地挂在三个支脚的中央,剥皮、取内脏就方便了。

习惯上,猪在挂上三脚架前,要在热水里烫皮,再用金属刮刀去毛。这得要好几个壮汉把猪抬起或拖到一个高台上,然后把猪往一桶热水里投进去、拽出来。装热水的桶倾斜着系在高台边上,这样在烫猪皮的时候就不必费全力把猪拎起来。要知道,一头猪可能重达三百磅,甚至更重。来回浸过几次热水的猪还得接受四个男人的围攻。他们每一个人都会对着猪皮用刮刀使劲儿刮呀刮,直到把猪毛给刮干净。这也是个技术活儿。烫猪皮的热水必须够烫,但又不能太烫,而且,每次把猪从桶里拉出来再投进热水前,还得给它过下风透一透。我问过一个老农夫,他怎么就知道热水的温度刚刚好。他毫不犹豫地回答说,他会把手指往水里伸进、抽出,如果能利索地把这组动作连做三次,却做不了第四次,水温就合适了。

给猪刮毛是因为,这样能把猪皮下的每一点儿脂肪都省出来炼猪油。年轻时,我烫过许多次猪皮,领教过干这活儿的苦。于是我决定,我们再也不烫猪皮、刮猪毛了;我们想要猪油,给猪剥皮就够了。我们和祖辈一样,觉得烹饪必须用猪油,但现在我们有这么多猪油,剥猪皮浪费那一点儿应该不是很要紧。所以,把猪在三脚架上挂好以后,我们就用刀连皮带毛一起剥,从后腿开始,一直剥到喉咙,整张猪皮就像件衣服一样给剥了下来。我们干这活儿一点儿也不专业,但好歹我们也干完了。

接着,要给猪开膛破肚:从猪肚中央到胸口划开一个口子,取出肠子、胃、肺等这些猪杂内脏。操作妥当的话,差不多所有猪杂都能一次性掏出来,就像一大块果冻。划口子前,我先围着猪尾巴割上一圈,再向下把猪肚割几英寸,这样我才能双手进去把结肠打结扎牢,免得取内脏的时候把肠子里的猪粪挤出来。猪的两条后腿正中,有根细骨也得切断。这根骨头相当软,我只拿刀刃抵住它,再用锤子轻敲刀背,它就断了。我觉得文字不能精确描述这个过程(或者其他杀猪的细节),但很奇怪,我就是觉得有必要试着讲讲这一切。我们都说,杀猪这天吃肉一定特香,因为猪是我们杀的。但对于吃肉,人们还是看法不一。有人说,人类的基因决定了人得吃肉,要是不吃肉,过不了几代,人类就得退化;也有人说,我们是杂食动物,不吃肉也能活,只不过是肉实在好吃,我们才戒不掉。要我说呢,我还是那个意见——食物链就像一个巨大的餐厅,席上就餐的食客,也会成为其他食客的盘中餐。我这话都让大家听烦了吧。

"要是有城里人看见我们刚才干的事,他们非得吓坏不可。"有人说。

"是啊。但换作是大自然里的一群狼把一头牛扑倒,再活生生把它撕碎,他们就会觉得很正常了。"另一个人说。

给猪开膛破肚,难在不能划到猪肠。可它又偏偏紧贴猪的肚皮,要是不小心割到,肠子里屎呀尿呀的就会慢慢流出来,本来就够脏够臭的活儿会变得更脏更臭。于是,我右手拿刀划着猪皮,左手也跟着不停地在猪皮和猪肚那儿的脏器间来回移动。这样,除非我割到自己的手,否则就不会割到肠子。我总是放桶清水在旁边,干起活来,既方便洗手,也方便冲洗猪身。等猪肚里的内脏一股脑地滚到独轮手推车里,我就把猪肝、猪心和其他猪杂分开。然后,我把整个猪头都割下来。我们会很浪费地把它扔掉,给秃鹫吃。正确的做法还要把猪下颌的肉跟猪舌头都割下来吃,但我们家没人吃猪舌头。

接下来,要以猪的脊椎为中线把它对半切开。我得用手锯。电锯更好使,当然也更贵。不管用什么,锯的时候都得小心看准了,这样才能沿着脊椎的正中央切开两半。年轻点儿的壮汉会把分好的两半猪身搬到车库,把它们用S钩在后腿肌腱上的肉钩挂起来冷却。冷却的环节也可以就挂在三脚架上完成,只要没有狗或其他野生动物来搞破坏就行。反正我们觉得,要想肉好吃,必须让它们在低温、通风的地方挂上几天,这样猪身上的热气才会在相对较短的时间内完全散去,猪肉也会有一点熟化①。所以,在家杀猪得来的猪肉总比商业屠宰场送来的猪肉好吃,因为那儿的肉只冷却了短短几个小时而已。

  这就是说,我们的猪肉要挂到下个周末才能吃。我担心,要是天太冷,肉可能会结冰变硬。我们在初冬或者冬末杀猪都还没发生过那样的情况,不过有时为了预防起见,我会用旧毛毯把挂着的肉包起来。

  冷却好的肉会按传统切割成几大块:后腿肉、排骨肉、嫩腰肉(里脊)、前腿肉(包括肩胛)、腹胁肉(五花肉)等。这里边很讲究手法技术,通常得专业切肉工来干,但我们这个老式农场里也有人把它给学会了。我觉得最难的,是把两边的腹胁肉从猪肋排上切下来。而找对地方把后腿肉和前腿肉从猪身上切下来也得靠经验。许多书都有教你怎么切的说明,不过我感觉,如果是自家吃的肉,切错了也没啥大不了的。不太会"技术活儿"的家庭成员就负责把肉上多余的肥膘割下来炼猪油,再把切完传统大块后余下的那些零散肉切成薄片,然后剁碎了用来灌香肠。剁肉是杀猪这天比较有乐趣的事。大伙习惯围坐在一张长桌边上,剔着肥膘切着肉,干活儿的空当还时常互相递着一两瓶威士忌。对话也越来越有趣。

  "亨利,别忘了留猪小肠。我家马路那头的老家伙专门跟我说想要。"

---

① 熟化,也称脱酸。刚刚屠宰后的动物的肉是柔软的,并具有很高的持水性,经过一段时间的放置,肉质变得粗糙,持水性也大为降低。继续延长放置时间,则粗糙的肉又变成柔软的肉,持水性也有所恢复,而且风味也有极大的改善。肉的这种变化过程就称为肉的成熟。

"啥是猪小肠?"

"就是山牡蛎①。"一桌人都"咯咯咯"地笑起来。

"不是。猪小肠是肠子和胃黏膜,不是山牡蛎。"

"哦,那啥是山牡蛎啊?"

"猪蛋蛋呗。"大家笑得更起劲儿了。

"总好过猪脑和猪杂碎。"

"猪血布丁才最难吃。"

"你得会弄那东西。先放些盐巴,灌进猪胃膜里缝好,再挂在壁炉的烟囱上晾一会儿。这么弄弄可好吃啦。"

"你这么想就最好啦,我就可以多拿些猪排和肋骨喽。"

我们只在炉子上煎少量的肥肉,但根据真正的传统,杀猪这天,炼猪油是在户外进行,要在篝火上架起一个大铁锅来炼。油一出来,大块的肥膘就会变成棕色。最后,得把这些炼过的棕色块块送进油渣压榨机,把它们榨得一滴油都不剩。剩下的只有"猪油渣",就像很油腻的炸土豆片。

"你知道,那些东西对你不好。"我对边上的一个看客说。他正不亦乐乎地大口嚼着刚出油锅的猪油渣。"对胆固醇特不好。"

他面无表情地盯着我,又朝嘴里扔了一块猪油渣,答道:"该死的胆固醇!"

过去,铁锅里的猪油倒空以后,我的父亲会借着余烬往锅里扔几把玉米粒,很快它们就会"噼噼啪啪"地爆起来。起初会飞出一些玉米粒,但不一会儿,玉米粒就都爆开了,还来不及飞就爆满了一整锅,胀得谁都出不去。这样,新鲜出炉的爆米花就全待在了锅里。这个过程看上去真神奇,而锅里的爆米花也最好吃。用这口锅榨出的油煎馅饼,那美味,天下无敌。没错,胆固醇就是该死。

---

① 山牡蛎,指作为食用的小牛、羊、猪等的睾丸。

我在想,我们反感宰杀牲畜来吃,是否就是我们自己害怕死亡、担心被吃的又一种表现呢?基督教最主要的仪式源自"最后的晚餐"①:"这是我的身体""这是我的血"。天主教认为,饼和酒真能化成"身体"和"血"。我在很早以前根本无法接受这个荒唐的想法,但如果理解正确的话,也许这条教义——饼和酒"变体"为救世主耶稣的身体和血——还算有几分天才。所有的身体,不论属于植物还是动物,都不断地被杀、被吃掉,然后转化成其他的身体。也许,一个"救世主"的话足以寓意万物最深邃的真谛:"这饼是我的身体,汝等拿去吃吧。"

---

① 圣餐是基督徒的重要礼仪,它的设立源于耶稣与门徒共进最后晚餐,掰饼分酒给门徒时所说"这是我的身体""这是我的血"。基督教认为饼和酒是耶稣为救赎人类被钉于十字架的象征,该教的一些派别认为耶稣以某种特殊的方式存在于圣餐中,但对于这种存在的方式各派说法不一。天主教将圣餐称为圣体圣事,并相信无酵饼和葡萄酒在神父祝圣时化成基督的体血。

## 第十五章
## 秃鹫的诱惑

最近,我们厨房窗外的喂鸟器迎来了一位不速之客。它是只火鸡秃鹰,又名"红头美洲鹫",也叫"秃鹫"。我们怎么都没想到它会来,不过它也没径直上喂鸟器那儿去,只是栖在几英尺外的树枝上,透过窗户冷冷地注视我们。没有谁的凝视能冷过秃鹫。若说大自然的舞台上什么鸟最丑,它绝对是最佳"鸟"选:一身黑不算,头上没毛还红得特俗气。它在树枝上总是半展着双翼,给人感觉像个耸肩弓背的巫婆,徘徊不去,阴森森的。

如此靠近人的住所,它想干什么呢?秃鹫不喜欢人类,除非是死人。我还知道,它们不吃葵花籽。它很清楚我们在看它,只要我动动手指头,它就会展翅做好预备动作,随时准备拖起大雕一般粗壮的身体升向天空。但好像又有什么给它壮了胆,它还是待在原处没动。我终于想到了答案。喂鸟器附近的平台上有个塑料容器,我们总把吃剩的东西放到里边喂鸡。我们前天刚杀了些仔鸡,卡罗把最后清出来那点零碎的鸡肠、鸡皮什么的也倒在了里边,箱子腥臭扑鼻,盖上盖子才闻不到。可秃鹫肯定还是闻到了。强大的嗅觉引着本在高空翱翔的它飞啊飞啊飞啊,来到了我们的门阶上。面对这个塑料玩意儿,它却不知所措犯起了愁,只好停在那儿等待时机。你别说,秃鹫还就擅长静观其变。我想起了在这儿的一个村子里流传了很久的说法,说秃鹫总喜欢栖息在遮蔽着殡仪馆的大树上。它们真能闻出死尸的气味吗?

我在地里干活儿的时候,头顶上总有几只秃鹫在高空盘旋,而我,也总喜欢把它们想象成是在耐心地等着我死去。也许它们闻出,死亡已经在我这把老骨头里落下了脚。可是,早在我还年轻的时候,它们就在我的头上打着圈圈飞了呀。大概它们只是盼着我死吧。不过最大的可能,就是经过千万年的经验积累,这样的知识已经封藏在了它们的基因里:它们身下的那片大地上,有个生命即将消逝。秃鹫天生就捧着铁饭碗;世间总有生命在消逝。

人生总有一些场景让我难以忘怀,而这样一幕也发生在了我的牧场上。一天早晨,我刚翻过一座小山就猛地看到一排篱笆桩,每根桩上头都停着一只秃鹫,一共六只。上前仔细一瞧,地上还有很多秃鹫,都在尽情贪婪地撕扯着一只死羊。我猜,篱笆桩上的那几只秃鹫应该是在等着轮到它们,顺便也放放哨。我不想把它们惊散,慢慢走近。可一旦我太过靠近,它们就会扬起翅膀准备飞走。它们双翅的翼展,可以达到六英尺,一排的秃鹫都张开双翅,那景象恐怖得令人心生敬畏,我在大自然,或者甚至在电影里,都没见过那么可怕的场景。想想美洲印第安传说里的雷鸟①,再想象一下,五十英尺外,六只雷鸟正停在篱笆桩做成的"图腾柱"上水平地注视着你。现在,再听听地上那六只雷鸟的声音——每每撕下死羊的脏腑,它们都会发出怒吼。

有时,秃鹫狂吃一具尸体吃得太玩命,撑得自己都飞不动了,只好从胃里反刍些东西吐出来,减轻体重才能飞。我是没见过,但许多年前,父亲告诫我,要避开树林里某个空心

---

① 在北美印第安神话中,雷鸟(Thunderbird)是常常出现的巨鸟,它是全能神灵的化身,在空中具有搅动雷电的威力。

的原木,因为有只秃鹫在那儿筑巢。他说,秃鹫为了保护自己的幼雏会向侵入者呕吐,那臭味比臭鼬喷出的液体要难闻得多。

我为秃鹫着迷,因为它们给人带来异常深刻的敬畏感,而这份敬畏却几乎总是近在乡间、唾手可得,平常如旅鸫,人们却似乎极少注意到。这是人类"近视"①的又一个例子。为了博取关注,作家们不远万里,跑到一些名字稀奇古怪的地方去。比如,他们会到印度尼西亚的科莫多岛②寻找巨龙,或者深入塔斯马尼亚③的荒野瞅一眼那里的恶魔。其实有这个空当,他们完全可以好好看看自家的后院,那里才有更摄人心魄的奇观。和橡树、松鼠一样,秃鹫也是美洲的景观,它们的自然分布区从南美洲南端一直延展至加拿大境内。从逻辑上讲,我们完全有理由认为秃鹫至今已濒临灭绝,因为它们体型巨大又容易受到伤害,还经常晃晃悠悠地坐在车来车往的马路边上吃过往车辆轧死的动物尸体。但是,它们的数目却有增无减。

画家安德鲁·怀斯④在他的一幅作品《翱翔》(Soaring)里画下了高空中的秃鹫。这么著名的人居然愿意花时间画秃鹫。我来了兴致,想问问当事人,一探究竟。他说,自己钟情于秃鹫这种大鸟不仅是因为它们会带来强烈的视觉冲击,还因为人们对大鸟似乎反倒不太留心。这种反常使他决心要画画秃鹫。可是,因为他只从地面仰望过秃鹫在空中顺着

---

① 作者其实指的是"远视"。
② 科莫多岛(Komodo Island)上有珍贵动物科莫多巨蜥(又称科莫多龙),是世界上现存最大的蜥蜴。
③ 塔斯马尼亚(Tasmania),澳大利亚东南部岛屿,也是其最小的一个州,隔巴斯海峡与大陆相望,是澳大利亚山最多的地区,40%以上的面积被森林覆盖。
④ 安德鲁·怀斯(Andrew Wyeth),美国当代重要的新写实主义画家,以贴近平民生活的主题画闻名,作品以水彩画和蛋彩画为主,已被相当多的博物馆和艺廊重视与收藏,包括美国国家画廊。

气流飞翔的雄姿,他想知道,从高处俯瞰秃鹫又会是什么模样。于是,他便请求卡尔·库尔纳帮忙——卡尔是怀斯的邻居,而怀斯其实就在库尔纳农场上长大。他们用一头新生牛犊的胎盘做诱饵,捕到了一只秃鹫。他们把它的双翅完全展开到六英尺宽,怀斯就从上往下"俯瞰"着给它画草图。这样,我们就在作品里"俯瞰"到了翱翔的秃鹫,而它们,则俯瞰着库尔纳农场。

卡尔·库尔纳的孙子也叫卡尔,也是成功的画家,还成了我的亲密好友。多亏他,我才同举世闻名的怀斯说上了话,而卡尔也是我认识的人中最迷恋秃鹫的。过去的一个世纪里,库尔纳农场的牛羊生生死死,农场上空便因此有了许多秃鹫。卡尔几乎只画库尔纳农场,而且(也不奇怪)他那两幅更为人们熟知的画作里都有秃鹫。其中一幅有点儿让人吃惊,画的是一只秃鹫安静地栖在他妻子的大腿上①。这一切还得从一天早晨说起。那天,他们发现一只秃鹫落在他们的屋顶,脚上缠着一根带子。他们估计,它可能是从什么鸟类保护区逃出来的。它看起来并不是很怕他们,就在那儿逗留。他们往平台上丢了些生培根,它就赶紧飞下来把肉吃了。后来,它干脆直接从他们手里吃。库尔纳一家很会和各种动物打交道,野鹿也会从卡尔的手里吃食。这只秃鹫(他们取名"巴兹")就这样成了他们的宠物,还是只讨人喜欢的宠物,谁都没料到人见人怕的鸟儿还能跟可爱的宠物画等号。它变顽皮了,有时,趁路易丝②坐在平台,它就在她身旁的栏杆上跳来跳去,还用嘴给她捋头发,仿佛在梳理羽毛!

(这里边有个巧合让我不寒而栗,不管我怎么劝自己别想,它都萦绕心头挥之不去。路易丝几年前得癌症死了。虽然秃鹫停在她腿上和用嘴给她捋头发的事都比她去世要早

---

① 《她腿上的一只秃鹫》(*A Buzzard in Her Lap*)。
② 卡尔的妻子。

上好几年,但是每当秃鹫来到我们的喂鸟器前,我还是会想起路易丝——我也在和癌症作斗争。是不是秃鹫感觉到……不,不,吉恩,别胡扯了。)

整个夏天,巴兹都在库尔纳家附近游荡。入夜时分,它就飞去和附近的秃鹫们待在一块,第二天一早,它又飞回来吃免费的生培根。"有一次,我在谷仓里发现了一只死老鼠。也不知为什么,猫咪们都没看见它。我就带回家给巴兹。"不久前,卡尔回忆说。"谁知那只大鸟跟铅锤似的从屋顶上骤然冲下来,叼走了我手里臭烘烘的老鼠,猛地把它撕碎,然后吃掉。它在我们面前还没这么残暴过。"

卡尔还是个农场小男孩的时候就喜欢上了秃鹫。他的另一幅画《十一月的风》(*November Winds*)描绘了在天空中滑翔的秃鹫。"我拿双筒望远镜看它们,"他今天告诉我,"再没什么鸟能这样优美了。它们的翱翔这般雄伟又这般轻巧,真让人不敢相信。它们在地面如此笨拙,在天上又那么优雅。巴兹总是高速飞向我家房屋,最后一秒才急刹车,伸出大爪子'砰'地一声,笨重地落到屋顶上。我的画室在牧场的山边,那儿也有群秃鹫。我给它们扔些腐肉,它们就会从空中俯冲下来,速度惊人。那场面就像足球比赛①时球掉了,球员们都急忙猛地扑过去。"

一天,他看见一只秃鹫就停在自家一头羊的背上,附近还有些它的同伴。他用相机把它拍了下来——他知道,有图有真相,没图没人会信他。但我们这些牧羊人没一个觉得这有啥可稀奇的。我们清楚,也许那些秃鹫知道,羊就爱死,寻起死来还不厌其烦。有一次,我姐姐把一些羊赶到她的果园里吃草,之前她的孩子们给里边一棵苹果树的树枝扎了根绳做秋千。你都没法相信自己的眼睛,一头羊就想办法用那根

---

① 指美式橄榄球。

绳上吊了。

卡尔的世界里有许多秃鹫,最令人难忘的,是挂在他餐厅的那只。餐厅楼下是他的画室,从挂秃鹫的位置刚好能看进来。这只秃鹫的姿态像极了怀斯《翱翔》里画的那样。"木雕师是我朋友,也是我学生。说服木雕师帮我雕那只秃鹫的时候,我脑子里想的其实就是那幅画。它和真的秃鹫一般大,栩栩如生,总能让我想起来,农场上的生与死是多么紧密相联。"

一点儿也不错!农场与花园,充满生气却又时刻贴近死亡,秃鹫不就是这样吗?它是农场与花园现实的最佳象征,是生死冲突的完美图腾;它是幻想中的雷鸟,在空中美得让人窒息,在地上丑得令人生畏;生与死,便笼罩在这漆黑的羽毛与火红的脑袋之下。

从实际效果来说,秃鹫对人类非常有益,它们不计成本地帮我们清理动物尸体。但是这回,我们人类又要阻挠大自然运用它的智慧。我们制定种种法律,禁止动物在田间腐烂。我们说是因为害怕传播疾病,其实是在竭力避免所有的恶心。炼油厂能充分利用死掉的动物,这点毋庸置疑;但要是乡下死了一头牛或一头羊,把尸体大老远地拖到炼油厂是不切实际的。于是人们就说,死了的东西必须埋起来,你要是不埋,有些地方还罚你的款。然而,秃鹫就能在短时间内处理这样的尸体。它们几乎是立刻冲了下来——当然,它们更喜欢还没那么臭的"新鲜"腐尸。一群秃鹫一天之内就能把一头死羊吃得只剩下骨头。表面上看,高空中盘旋的秃鹫并不多,但秃鹫与同伴间有着非凡的通讯系统。只要腐尸的正上方有一只秃鹫飞扑下来吃大餐,四分之一英里外的秃鹫都会闻讯赶来。这样,半英里外的秃鹫也收到了集会讯号,飞赴聚会。我见过四五十只秃鹫在一小时左右的时间内就全部抵达聚餐现场,不多会儿就把死尸一扫而光,只留下骨头。公路沿线最能发挥秃鹫(还有乌鸦甚至老鹰)的优势,因为那儿有很多被轧死的动物。

可惜,有些秃鹫来自比较靠北的州,它们至少会迁徙到俄亥俄河流域过冬,这样我住的地方就不能全年享受它们的服务了。十月底,它们开始飞离我家农场,第二年三月初又飞回来。它们回俄亥俄州也会引出不少事端。按理说,它们总是三月十四日回到俄亥俄州的欣克利,不过根据我的经验,它们会早到或晚到一个星期,这样记者就又有新闻写了。无论具体日期是在几号,它们的返回都率先捎来了春天的准信,它们的离开也第一时间通报了让人不快的消息——冬季正渐渐逼近。我见过一大群秃鹫聚集在俄亥俄州的纽瓦克附近,黑压压的,整个山坡都是。它们在等南方空气的热流,时机成熟,它们便顺流飞向北方。这样一番令人生敬的壮观景象却又被当地人忽略。秃鹫群聚的这段时间里,纽瓦克的市民对它们可没好话,因为它们老爱停在街边的大树上,把树枝和人行道弄得全是鸟粪。

我们把掩埋动物尸体变成了约定俗成的"戒律",可是很多情况下,请秃鹫们帮忙会简单得多。不过,这看似合理的想法又会引发另一个更让人不安的问题。我能把心爱之人的遗体抬到山坡上任秃鹫们吞食吗?心里真实的答案让我明白了人们总想忽视秃鹫的原因:他们老编故事说,秃鹫会趁人们睡觉的时候,啄去人的眼睛,其实他们都知道,火鸡秃鹰对活物从不感兴趣(但黑鹫不一样),事实都明摆在那儿。不忍心让逝者的遗体被秃鹫和蛆虫啃噬,我们只好将他们埋葬,可是,埋葬也不能阻止他们被蠕虫和微生物啃噬。为此,我们又做出精巧繁复的棺材、墓穴、陵墓,然而这一切都不过是徒劳。我们的身体终究得自然腐烂,利益他物。我又自问:我能把爱妻的遗体曝尸牧场喂秃鹫吗?自然法则,甚至科学逻辑都说,那样做没什么不妥。但在这件事上,什么逻辑法则都不能动摇我。我就是办不到。意识到这一点，我也就明白了为何我宣扬的那种完全自然的"生"与"死"永远都不可能彻底地实现。在冷酷的现实面前，人类的思想永远都不会彻底屈服。

## 第十六章
## 去它的"利滚利"
## ——我们近乎不朽的发明

人类什么时候发明了"钱"这种可以永生的东西？是在玛土撒拉出生前呢，还是在他死之后？我不知道。但考古发现，史前的古亚述人①买东西，既不用首付，也不用担心多长时间得付清。然而，他们的办法没能禁锢后人的想象。中世纪末，教皇们意识到，通过对"钱"收利息来赚钱实乃财富大计——这在以前可是会被开除教籍的！基督教（还有伊斯兰教，甚至所有我知道的主要宗教）此前都认定：任何谋取利息的行为都属于放高利贷，一律予以禁止。实际上，几乎所有以农牧业经济为主导产业的地区都不许对钱收利息。所以，我要在这儿写写这个问题。利息能没完没了地变钱这回事，根本就是个人造赝品，它是食物链的大敌；食物链才是永恒的正主，天然轮转不休。收利息多少有点儿"合法"以后，思想家们每个世纪都在使劲争论多少利率合适、多少利率有罪。全都枉费心机。但愿最大的银行赢吧。

---

① 亚述人（Assyrian），是主要生活在西亚两河流域北部（今伊拉克的摩苏尔地区）的一个民族集团，在西亚拥有近四千年的悠久历史。

从小到大，我对复利①都有种好感，因为我还在读小学的时候，它就给我带来了一些歪打正着的自由。（我发誓，我生命中最重要的事都发生在小学时代。）那会儿，我们班上有个男孩叫埃德，他学起"复利"这个概念来愣是晕头转向。可是现在我觉得，他才是我们班最聪明的人，因为"利息"本来就没啥理性意义可言，所以生性学不会它的人智商才最高。当然，小学的我还没那么多深刻的想法。我只知道，埃德不会算复利把老师气坏了，老师让我去教他，那我就得教会他怎样才能当一个成功的银行家。我接受了老师的任务，因为我可以在图书馆里单独给埃德辅导放高利贷的艺术。图书馆与所有的教室都不相连，我给埃德辅导的时候，图书管理员也不在跟前。搞教育的人应该都知道，这是多大的错误，怎么还能犯呢？上学时间天天让两个小男孩独处一小时，还没人监督，你觉得会发生什么？当然是埃德和吉恩的课间休息时间咯！刚开始我还真试着教过他算复利：本金 1000 美元，利率为 6% 的时候，先算出一年的利息，再把利息加到原来的 1000 美元上，然后再乘，再乘，再乘。每乘一次就代表过去了一年时间。不到五十年，几美元就像施了魔法一般"噌噌噌"地变成了几百万美元。埃德不是不会算乘法，他只是怎么算都不相信自己会有可以变成 5 万美元的 1000 美元。他也不在乎那 1000 美元，反正我们还可以干别的来打发时间。没多久，我俩就只是聊天，或者猜谜、玩益智游戏，谋划怎样搞恶作剧，冒险逃到学校外边去——我俩的家就隔着一英里田地。整个"辅导"都很顺利，因为即使埃德还是搞不懂高利贷，老师也不能怪我，毕竟她自己也没教会他。

---

① 复利，指每经过一个计息期后，都要将所剩利息加入本金，以计算下期的利息。这样，在每一个计息期，上一个计息期的利息都将成为生息的本金，即以利生利，也就是俗称的"利滚利"。

原来我还以为，教过我的老师里数她最不聪明，不过现在想想，好像不是那么回事；说不定她教我们那会儿就知道，她的教学重点是得让某个学生明白，复利强大又搞怪。也许埃德是不会明白这个道理了，可像我这样学东西比较快的人，或许能把这个问题看透几分。而学东西最好的办法就是教另一个人学。所以，她可能是希望我通过教埃德而领悟到复利的生生不息。从这点上说，她成功了。我真开始痴痴地妄想自己也能成为投资银行家。我想着，要是能弄来几千美元存到银行，我死的时候就是富翁了。

其实，父母早就把我推上了痴心妄想的道路。我们一块儿去银行，他们会一路对我夸个没完。到了银行，我就会自豪地把攒下的硬币摊开，扒拉扒拉整齐——1美分的是每次帮祖父打开谷仓门赚的；5美分和10美分的是父母支付的，因为我给他们除了园子里的草，还割了牧场里的蒺藜。银行小哥的机器真神，他一把我的零钱倒进去，它就把硬币按面值分好了类，还列表算出了总额，存进了银行保险库。然后我就拿到了本存折，里边记着我所有新财富的总数。我根本不需要存折帮我记那个数，因为它已经永远印在了我的脑细胞里。不过存折还告诉我，我的存款利率是3%，这样我的6.52美元一年后就能涨到6.71美元。也就是说，我啥也不用干就能白赚将近整整20美分！这在平时，我得费好大劲才能赚到手呢。我要么得辛辛苦苦锄掉两百株翼蓟①（全都得锄到地下两英寸，而且最好别作弊，不然和我一块儿锄蓟的姐姐就会去告状），要么得给祖父开二十次谷仓门。哇！

要是我在银行里有100万美元，第一年它就能给我"挣"3万美元（这样的收入在1937年已经远远超出了我的想象），而且还会越涨越快。重点是，有人果真这么在干！

---

① 翼蓟（又名欧洲蓟），菊科蓟属的植物，在北美洲作为入侵生物存在。

他们住在城里桑达斯基南大街上那些又大又老的宅子里。那会儿我还没意识到,要想这种变大钱的魔法生效,先得有人向他们借那么多钱,还要付他们比银行给我的利息还要高的利息。我只知道,拥有一大笔钱来赚利息是人间天堂的开始。我早早地就给资本主义圣坛当上了辅祭①。

我继续接受教育,却发现,大千世界,虚伪莫过于人们对利息的态度。从古至今,每个智慧哲人、宗教领袖无不斥借钱收息为高利盘剥,可等真正有钱借有息收的时候,没有哪儿的人不是兴致勃勃、乐此不疲的。他们教育我,用这种"能源"推动经济增长太清洁了。那些怪脾气老头却坚持说,这助长起人们的贪念来更是不留痕迹。他们真是不懂与时俱进。

我努力想搞明白,经济增长是咋回事。给钱乘上几个百分比,它就"长"起来了,可农场小男孩眼中的"生长"却不是那么回事。真玩意儿长起来,会变老,会死掉。但是"老"钱反而越"长"越快,年复一年,日复一日,分分秒秒,一刻也没让收银机停歇过。那些安静地住在城南大宅子里的人死了,他们的钱却永不会死,只会传给他们的继承人,然后继续"长"。那些幸运儿就啥也不用干,只管花现成的利息钱,只要他们乐意,想干嘛就干嘛,完全不用担心自己挣没挣钱。

那时的我已经是小伙子了。我发觉,原来富人们的钱没给他们"干活儿",也没给他们"挣收入";真正在那儿劳动赚钱的是向他们借钱的人。我的父亲就借来了钱,打算扩大农场经营。他跟我说,这事办得有点儿傻,因为他得付6%的借款利息,以他的经验,那几乎是农场全部的利润收入。那

---

① 辅祭(圣坛侍从、圣坛司事)在大公教会(即包括罗马天主教会、圣公宗、信义宗等)及东正教会不同的崇拜礼仪,包括弥撒(圣餐)、早晚祷当中,协助主礼的司铎(主教、神父或牧师)举行圣祭,使礼仪更庄重、流畅,增加礼仪的隆重及神圣,同时也帮助其他信友投入礼仪当中。

他为什么还借呢?他回答说:"我们只能敷衍了事,能拖就拖,指望着农产品价格上涨。"它们确实涨了点价,但成本也涨了,那可不,接着它们的价格又回落了。可农产品降价的时候,要付的利息却一点儿没降。父亲借的钱成了一笔"扩大债",他生前的时候,怎么也还不完;他去世以后,农场被分割卖掉,才总算还清了这笔债。债务与父亲不一样,它永远都不会像他那样老去、死掉。大约就在那时候,我惊讶地发现,莎士比亚在几百年前就讲过:"别向人借钱,也别借钱给人。把钱借出去,丢了本钱,也失了朋友;把钱借回来,生意不好做。"

老师教我《旧约全书》(The Old Testament)上《利未记》(The Book of Leviticus)里"禧年"的时候,我就更吃惊了。以前的人所做的事不正是父亲需要的吗?每到五十年一次的禧年,所有未清的债务都能一笔勾销。至少老师们是这么解读《圣经》句法的,我就不太看得懂了。我读《利未记》或《旧约全书》里其他类似的书卷时,感觉文句里充满了各种代词,永远都没法确定哪个指哪个。但《利未记》里有句话看上去却很明了。第25章,第28节:

> 倘若不能为自己得回所卖的,仍要存在买主的手里,直到禧年。到了禧年,地业皆返回其原有者及古之所有者。

或者看看这个,第36、37节:

> ……不可向他取利,也不可向他多要……你借钱给他,不可向他取利;借粮给他,也不可向他多要。

我问老师,这到底是什么意思,他们承认,"古之所有者"把他们也难住了,不过他们都十分肯定,《圣经》里全是上帝神圣的话,而上帝肯定是在说,每五十年可以免除一次债务,对借出的钱收取利息是放高利贷,有罪。既然如此,我便用我们惯常提问的方式反驳道:"怎么没人遵从上帝神圣的旨意呢?""房子们自己可不会走。"给我们教《圣经》史的老师希拉里神父一本正经地如是说①。对话到此结束。有一天,我拿这事儿问了一个持有大量银行股份的人。他瞪着我,最后冒出一句话,说我是社会的危险分子。但我从没忘记"禧年"的事(其他人似乎也没忘),没忘记它本来可以救父亲一把。如果土地为他赚到的钱只需用来偿还本金,那他去世时就能无债一身轻了。

所以,当我独自出来打拼的时候,我相信,要击败这个世界,唯一的办法就是成为债权人,绝不能做债务人,我才不管莎士比亚是不是也反对这么干呢。我没有加入消费者协会。不到万不得已,我啥也不买,后来就算要买,我也只买便宜货:便宜的衣服,便宜的房子,便宜的车,便宜的一切。我只为买我们的第一处房产和第一辆车借过钱,借钱以后我们就节衣缩食,用加班加点工作得来的双倍工资还清了这两项债务,从此以后就再没借过钱。不花钱,我也没感到压抑。亨弗莱·鲍嘉②在一次采访中说,他对钱一点儿都不在乎,除了一件事——有钱他就能对所有向他发号施令、使唤他做这做那的混蛋说"去死吧"。我正走向他说的那种独立。许多天下来,我都只能拿最低工资。为了弥补工资差额,我便工作双倍时间。只有这样,我才能有相当中等的收入,才能做一个独立的作家。有一两次,我甚至对一个编辑说了"去死

---

① 原文中,作者的问题是"'Hows come' nobody obey God's sacred word?"神父回答:"Houses can't come。""hows"与"house"谐音。这里希拉里神父是在避重就轻地纠正作者的语法错误而没有回答问题。

② 亨弗莱·鲍嘉(Humphrey Bogart),美国电影男演员。代表作品有《卡萨布兰卡》《非洲女王号》等。

吧"。我真正的资产,只有一直跟着我吃苦的妻子,而她,却甘心同我过一贫如洗的生活。

就这样,我走进了老年,走进了对资本主义迷信金钱会"长"的嘲讽。我们小心翼翼,省吃俭用,合着社会保障金,还真存够了钱养老。可那些虚伪的资本家,当初死乞白赖地劝我把钱存在银行里那么些年,方便他们想借就借,这下倒好,他们又颁布法令,说我们的存款再没利息挣了。联邦储备系统①说,只有这么做才能"促进经济发展"。也就是说,美联邦的储备要"长",我的储备就不能"长"。我终于证实了自己长久以来的怀疑。《圣经》和那些智慧哲人总算说对了一次:利息是我们社会问题的根源。

我跟一个好朋友抱怨了起来。他种有五百英亩的玉米和大豆。他也向我诉起了苦。他原本种了一千多英亩的地,结果如今却都种不了了,因为还有更大的农场主愿出更高的价钱租地、买地。我俩面面相觑,他的心思却飞到火星上去了。我都没听他说过这种话。

"我们到底为啥要钱呢?"他问我。

我看着他,简直不认识他了。他原先看上去总那么脚踏实地,从不废话,也不胡思乱想。他自个儿回答了问题。

"我们不一定要钱啊,对吧。我们就是不需要钱。所有要用钱买的、真能让我们开心过日子的东西,不就在我们面前嘛。土地。地里长出来的食物。会动手术的医生。治病的药。警察。汽车。房子和家具。啥都齐全了,都在这儿,就在我们面前。可我们却突然说,没钱我们就啥都没了,好像没了钱,吃穿用的、生活需要的一切,就都没了似的。假设我们还按原来的方式生活,我们也能用自己的各种服务与人交易啊,一切也都会很好。"

---

① 美国联邦储备系统(Federal Reserve),简称"美联储",负责履行美国中央银行的职责。

"你以为有钱没钱,每个人都爱干自己在做的事吗?"

"没钱挣我也还在种地。你不也这样说你自己吗？明明干别的能赚更多,可你照样坚持写作。你说你不在乎钱,我也不在乎。也许人人都不在乎。"

"没钱你就没地种,眼巴巴让有钱佬把地拿走,看你在不在乎。"

"没错,要是一点钱都没得挣,有钱佬也不会要我的地了不是?"

"没钱你让谁去干那些脏活儿？高楼大厦的窗户谁擦？路边的排水沟堵了谁修？谁去工厂的装配线上流水作业？"在我眼里,工厂的活儿就算脏得不行了。

"哎,好多人都喜欢进工厂干活儿呢！我打赌,擦窗户的好手绝对喜欢擦窗户。"

"工资不高也喜欢?"

"嘿,我就认识一些人,他们说不管你付多少钱,他们都不愿整天对着电脑写啊写的。他们觉得你是疯子。"

"好吧,我也觉得我是疯子。但那不是重点。人无完人。你得用钱哄他们干活儿。"

"我说不准诶。"

我没接话。这务实的家伙,普通人一个,每天的生活就是围着十几万美元的机器和满是牛粪的牲口棚转,小时候鄙视读书,好不容易才熬完了高中,现在竟有了这么高尚的思想。我一时间都被他弄得无所适从了。如果人类真像我们自己坚持认为的那样理性,那我们究竟是为什么需要"钱"呢？没"钱"的世界肯定会是人间天堂。

很快我发现,即使我们的钱没赚到利息,我们也没真被逼得走投无路。不能按原计划保证退休收入,我们还有老办法应对危机。我们早就学会了拿着微薄的收入知足常乐,因此我们只要一如既往地生活就好,只要身体能行,就继续干活,反正我们本来就想这么干。

  我的教育完整结束了。其实很多年前就结束了。那时,祖父告诉我(我现在一有机会也给孙子们讲),20世纪20年代初,德国的通货膨胀失控(复利也在劫难逃,染上这个恶疾最终"死"掉了),有钱人只好拿珠宝首饰跟农民换土豆。祖父知道这回事是因为那些农民里有我们的祖先。土豆就是比钱不朽得多。

## 第十七章
## 在人类中求生存

燃烧的木柴"噼啪"作响,我在一旁休息,发现长柄槌上巴着些汗蜂。我要是懒得赶它们,它们也常巴在我手臂上聚会。嗯,我应该马上就反应过来,它们是在舔长柄上的盐,我使木槌的时候,手心出过汗。我比平常多休息了一小会儿,心想大自然怎么就这么能适应人类呢?人类是它最危险又最不可捉摸的成员呢。汗蜂当然没觉得自己在适应啥,对它们来说,啥都是日常该做的事。找到一丁点儿盐,它们就吃一丁点儿盐,不像人类还会想,那个什么全能的主,为啥心眼这么好,还给它们这份意外的恩泽。它们也不担心,吃这种盐可能会对身体不好,毕竟它们通常都不在木槌手柄上找盐吃。

上次有些负鼠躲在我家的谷物联合收割机里过冬,它们也不会纠结"因""果"这类高端大气上档次的事。在它们眼里,我的艾利斯-查默斯①通用收割机不过是又一棵空心的树,只是这棵"树"的树洞超级大。野猫也要在这儿做窝哺

---

① 艾利斯-查默斯公司(Allis-Chalmers Corp.),美国机械设备制造业大公司,最初是1913年建立的艾利斯-查默斯制造公司。主要产品有拖拉机、收割机等农用机械,还有破碎机、振动筛、冷却器、转炉、能源转换等整套设备。

育猫崽,它可比负鼠更有想象力。收谷箱空着,它就让小猫们一只挨一只,依偎在谷箱螺旋卸粮管管底,因为那儿还有些收割时散落的零星麦粒,偶尔会有个把觅食的耗子寻到这儿来,这样她就可以趁机扑倒自投罗网的耗子。六月,我得为收割做准备了。我开动了收割机。这一开,螺旋管里竟滚出了三只贪鼠猫。别说我被吓一跳,你知道小猫咪们有多吃惊吗?被收割机这么一抖,它们自然是吓坏了,可它们都没受伤。说到老鼠,我那台旧约翰迪尔①拖拉机的电池箱就总有点儿啥让老鼠们难以抗拒。每一个月左右,电池顶上就会多一个新窝。(一个机修工告诉我,我们挂在干衣机里的邦氏巾②有种气味,可以防止老鼠啃电池线路。)老鼠的适应能力堪称典范,这些窝就是最好的说明——它们从哪儿都能搜来卷卷的玩意儿,装粮食的旧麻袋啦、破布啦、碎纸片啦、剪羊毛剩下的毛团、剥玉米留下的玉米穗丝儿……我不会说鼠语,所以也说不出它们为什么这么离不开拖拉机。兴许它们知道,只要待在电池箱里,猫咪就找不着它们。

　　鸟儿更加明白该怎样适应人类。园子里的喷洒器洒着水,旅鸫们在水里惬意地玩耍。最近的一条新闻报道,有些小鸟用烟蒂筑巢。我们这儿的鸟儿也会就地取材。它们从我们盖干草堆的破油布里抽出一缕缕塑料丝。蓝鸲似乎整个冬天都不走了,它们吃起我们的圆柏③浆果来,一点儿也不客气。卡罗用圆柏果装饰圣诞花环,挂在前门上,就连那些浆果,它们都不肯错过。红柏和野蔷薇都不是这儿土生土长的植物,但好像自从有了它们,蓝鸲就停止了冬迁。女儿

---

① 约翰迪尔(John Deere),财富杂志世界五百强之一,是美国迪尔公司生产农业、建筑、森林机械设备和柴油引擎等使用的品牌。公司在1837年由铁匠约翰·迪尔创办。
② 指美国产的邦氏(Bounce)衣物纤维柔软去静电纸,可放入干(烘)衣机中使用,使衣物柔软、清香、无静电。
③ 指北美圆柏,其球果近圆球形或卵圆形,浆果状,蓝绿色,被白粉。

和女婿在他们露台周围种下了布拉德福德梨,每到冬末,蓝鸲们就会把干果梨团团围住。我们支起豆棚让菜豆爬架。有一年,一对靛蓝彩鹀就在浓密厚实的豆藤里筑起了新巢。我们把往复式割草机停在库房里,一只旅鸫就在割草机直立的一端建起了它的新家。还有只东菲比霸鹟,非要把巢修在屋顶水落管的弯角旮旯里。另一只东菲比霸鹟则把巢搭在了谷仓的托梁上,离我头顶只有三英尺。家燕的得名当然是因为它们喜欢把巢筑在人家的谷仓房梁上,可是现在,只要有电灯装置,它们几乎总把家往那上头安。一天清晨,我在一个停车场里注意到了几只"哇哇"叫的乌鸦。那儿有个指示牌,告诉购物的顾客停放购物车的位置,乌鸦们就栖息在指示牌上。它们可不是为了吸引我去看指示牌才落那儿的;它们是在追随沥青路上滚动的纸垃圾,飞过来又飞过去,看看人类是不是丢下了什么吃剩的东西。

　　动物们对现代农用机械的喜爱真是过了火,结果鼠窝和鸟巢都成了拖拉机和收割机起火的主因。这些个复杂的庞然大物,肚子里全是盘绕交错的电线网络,穿过来绕过去,想要正常工作,还就得靠它们。机器内部的最深处也正是电线聚集的地方,可那在小鸟的眼里却好像藤蔓或嫩枝结成的网,于是,它们在那儿筑起了巢。有时,电线发烫、老化,或者被老鼠咬了,就会溅出火星,这时,鸟巢就会像火绒一样被引燃,接着整个收割机都会烧起来。有个邻居就遇到过这种情况。他说,鸟儿们好像更中意某些样式和型号的收割机。至于是什么牌子嘛,我就不在这儿说了,毕竟这种偏好也许只是巧合,再说,我当然也不希望哪个厂家以为我个人仇视他们的机器。我仇视的是所有庞大的机器。

　　蝙蝠喜爱我们的谷仓,那是它们眼中的另一个洞穴。建谷仓的时候,我们把相交于屋脊的双坡椽架在交点处两面都用上了2×6英寸的胶合板连接。没想到,这不经意的动作竟围成了蝙蝠们喜欢栖息群居的处所——二十间计划外的"蝙蝠房"。每年夏天,大约半数"房间"都会迎来房客,于是,我们的谷仓虽然坐落在树林里,周围却没什么蚊子。蝙蝠们有着稳定的食物供给,因为屋檐下接水的桶里几乎总有蚊子幼虫在那儿扭来扭去。当然,蚊子们也在适应人类文明,它们学会了利用那个桶,而蝙蝠们则学会了利用我们和那些蚊子。

总有些人特心疼环境。只要人类的活动看上去(或者确实)对大自然造成了破坏(并且最终危及人类),他们就感到绝望。从探寻永生意义的角度上说,我认为,我们经常杞人忧天;我们的眼光应该更长远,看看有多少人类活动,尤其是人类最自私、最不计后果的活动,在耐心的大自然面前怎么就慢慢黯然,怎么就慢慢失色。想想十二章里卑微的水母。也许,要是我们没那么聪明,或者,要是我们不再白白干想死后的来世,我们也能学会让身体不死。神学家要我们相信,他们的诸神统治着一个我们无法控制的世界;经济学家则教育我们,管你喜不喜欢,钱才是主宰一切的神。无论相信谁,我们都得对他们的神躬身致敬,满心崇拜。与其这样,我们还不如多学学大自然。汗蜂不会折起它的小翅膀叉腰宣誓,既然它以前从没舔过木槌把手,那现在就请老天爷作证,它从今以后也不会舔木槌把手。它只管舔它的,如果结果不坏,它以后还要接着舔。我们都有自己的小癖好,我们都会有贪心,如何看待这些问题,我们就该学学汗蜂。我经常想起生活在非洲的一个传教士对我说的话:"这里就没有垃圾问题。美国人眼里的垃圾,你在非洲的马路边倒上一堆,第二天早上就没了。在当地人看来,'垃圾'里的每件东西都能派上用场。"

最近有本书叫《自然战争》①,讲述了一个大自然在人类中求生存的优秀案例。书的副标题就透露了内情——"不可思议的故事:野生物重返人世,后院成屋后战场"。五十年前,我们担心许多野生物会走向消亡;今天,控制这些野生物的繁殖竟成了油水肥厚的工作。五十年前,专家们还说,顽固的小农也会走向消亡;今天,郊区和市区的许多后院里却全是这些小农。

大自然适应人类求生存还有一个不错的范例,它发生在我们的公路上。从环保的视角看,所有公路都会给大自然带来危险,但有弊也就有利。成千上万起车鹿相撞的交通事故里,人鹿双亡,可这起码缓解了野鹿过剩的问题。(当然了,我可不敢说公路也有助于减少过剩的人口。)车祸留下的动物死尸甚至还能造福大自然。只要沿途驶过,你就会发现有多少鹰和秃鹫这类猛禽栖在路边望眼欲穿。它们等着过往的车辆杀死更多毛茸茸的小动物,这样它们就能拣现成的大快朵颐。要不是因为公路交通,大自然岌岌可危的平衡都该被浣熊打破了,才不会维续到现在。浣熊们就爱搞破坏(因为它们超能适应人类),连人道协会②都想扒它们的皮、喝它们的血。

好好的土地却被混凝土和沥青道路覆盖,这自然招人叹息。但公路所到之处,沿途都装点着数千英亩的各类植物。它们不仅大量固碳,也成了昆虫和鸟儿向往的胜地。公路沿线还挖了成千上万个新水塘,挖出来的土正好给公路填路基。大量的鸟在迁徙途中死在了高压电线和高楼下,得知这样的消息,我们的第一反应就是为鸟儿们哀悼。这么做本身

---

① 《自然战争》(Nature Wars),吉姆·斯特巴(Jim Sterba)著,2012年由皇冠出版集团(Crown Publishers)出版。
② 人道协会(Humane Society),此处指美国人道协会(The Humane Society of the United States)。

并没错,只是我们怎么就没想到,人类的活动还有积极的一面与之相抗衡呢?就拿公路来说,人们一修路,路两旁就会顺带挖出池塘和湖泊,它们对野生动物、对土壤中的水含量,甚至对天气,不都有好处么?我们怎么就没为这些事感到喜乐呢?

  我并不想借这些例子淡化目前环境遭到的破坏。我只想表达,大自然远比我们想象的要坚韧。有些地方的环境继续在恶化,比如那些盛行山巅移除采矿的地区①,比如因过度开垦而受侵蚀的土壤。结局如何,还得大自然说了算。从长远来说,对金钱的贪得无厌终将使贪钱本身坍塌毁灭。假如能乐观点儿,相信环境还有救,这点信心说不定就能给你降降血压,就算没让你离不死更近一步,至少也能让你晚死一步。与其猛烈抨击大规模种植(我就经常这么干),为何就不想想他们就是这么种了又怎么样呢?没错,数千英亩的地就要单种玉米和大豆了,随之土壤要退化,土地所有权越来越集中。大自然却保持缄默,耐心地向我们展示着它的随机应变、它的忍耐包容,还有它的运筹帷幄、攻无不克。一则,那些玉米秸,也就是肥料养出来的玉米茎、玉米叶和玉米根,大多会回归土壤变成有机物。二则,许多耕地上都有坑,那些坑全年潮湿,而且越来越大,尽管技术能解决这个问题,可它们对青蛙、水鸟与各类昆虫都颇有裨益。现在每到春天,我们总能在附近看到成群结队的鸥,这在以前可不常见。干旱时节,这些坑还能起到保持水分的作用。等农民们实在没法再用这样的土地耕种时(有些地方就已经出现了这种情况),这种具有破坏性的商品粮种植模式也就打住了,然后,大自然会默默无闻地缓缓接过被他们抛弃的土地。我几

---

  ① 美国东部地区的阿巴拉契亚山,至今仍盛行山巅移除采矿。其基本步骤为:清除森林、轰炸山顶、在废墟里挖掘、将垃圾倒入山谷、搬煤洗煤。根据相关法律规定,采矿公司在采完矿后需尽力恢复该地区原来面貌。

乎每天都会经过受到严重侵蚀的山坡，人们再也不愿用它们来种地，它们现在就慢慢变回了树林。

虽说"不做大就滚蛋"的心态影响着大规模种植，可它的一些副作用倒也有利。"做大"也可能"滚蛋"哟！我在第一章就提过，在溪流旁的小山丘和峡谷里开展大型的农耕没法盈利，所以，这些小块小块的土地就变成了野生物的栖身处。动物们既把这儿当避难所，也拿它作根据地——周围就是一望无垠的田地，肚子饿就只管上田里突袭。这不，比起怀俄明州的鹿，俄亥俄州的鹿就来得更膘肥体壮。再说，那些折腾大面积单作棉花和谷物的"大农"在很多方面也还是普通人，本质上也和我们一样热爱大自然。他们不停在田间挖水塘。这些水塘加上公路池塘真是美坏了白头海雕①；它们吃羊，但更爱吃鱼。就这样，这里的白头海雕多了起来。换成是几年前，人们怎么都不会相信，它们还能在美国中西部增殖。

水塘里的鱼也在激增，但据我所知，没人知道究竟有多少鱼。我们太专注于强调事物的消极面，比如，我们总是只看到亚洲鲤②在入侵我们的水路航道——顺便说说，亚洲鲤还真给我们模仿大自然超强的适应能力树立了好榜样——可你知道吗，有人正在努力钻研，打算把这种鱼做成豪华餐厅里的美味佳肴呢。

"适应"的方法还有很多。例如，我们与其耗光精力喋喋不休地评论"大农"这"大农"那的（我们眼下当然很需要他们给我们提供充足的粮食），不如给自己买上一小块地，把它变成一片宜人乐土，再不必为吃喝发愁，还能有丰富的

---

① 白头海雕（又名美洲雕），北美洲特有物种，美国国鸟。
② 亚洲鲤是指原产地亚洲的鲤鱼，是美国人对青鱼、草鱼、鳙鱼、鲤鱼、鲢鱼等八种鱼的统称。美国于20世纪70年代从中国进口这些鱼类，以改善生态，但随着数量的增加，亚洲鲤鱼已经向美国五大湖繁殖，危害当地的生态环境。

野生动植物作伴。越来越多的人就选择了这么做；他们不再只是站到一边，为全球变暖干搓手。金融危机早晚得来，它一来，大型商业农场就难逃重创，但是你的这一小块保护区却不会就此消失。再者，与其在那怒气冲冲地高声嚷嚷鹿群怎样过剩（我就经常这样），不如每个季节都毙掉几头，让全家一年都有肉吃，反正猎鹿许可证没鹿肉贵。这么想吧，你在智取新的美国寡头。对那些单种玉米大豆、包揽牲畜养殖的商农大亨，你既不用身体力行掺和帮忙，也无需磨嘴皮子教唆怂恿，几乎免费的肉就轻松到手啦。

开始行动吧！就在别人驾驶大机车作业的商品粮田地上用长柄槌开辟出一个园林式的农场。不需要多大一块地，也不一定非得在农村。即便在城镇，即便只有十分之一英亩地，你也能打造一个小小天堂，池塘和暖房样样俱全，甚至还能养几只鸡。等到收获时节，你都不敢相信，小天堂里的果实会有多丰硕！

买一块种有树木的土地，庇护自己，也让野生动植物安身，木材还能给自家屋子供暖。如果身体或经济条件不允许，那就买块啥都没种的"秃地"，不用多，几英亩就行，栽上一片小树林，不为收获，只为娱乐。或者就把后院整成小树林。看着小树长大就跟园艺劳动一样，成就感十足。其实，就算你把地撂在那儿什么也不干，大自然也会根据气候因地制宜，把它调成林地、草原，或者荒漠。世上就没有闲置的土地，也没有废弃的农场，大自然总有办法赋予它们生命。你会看到一场非常有趣的现场直播，主题便是大自然的适应演变，直播内容年年月月都不同呢。

我很想知道，和我小时候相比，现在究竟添了多少蓝鸲，因为就连给蓝鸲搭鸟屋都变成了时尚。我也很好奇，大体上增加了多少鸣鸟，因为这么多人都在他们的后院养起了鸟。也许，得益于人类帮助而增长的鸟儿数量等于或者超过了因人类破坏性活动减少的鸟儿数量。没错,鸟儿确实飞进了我们高得离谱的大楼,但也别忘了,鹰、猫头鹰和烟囱燕都已经习惯了我们丑陋的大建筑。我认为,时至今日,不管是城市里还是城郊外,野生动物的数量应该都差不多。底特律有许多破旧的房屋没人住,给野生动物住就最好不过了。这座城市也在模仿大自然,学着大自然随机应变。它在曾经林立高楼大厦的地盘上辟出了几百英亩地建农场。

人类对大自然所做的一切,就像一艘迎着大自然挺进的无畏战舰[1],看似无坚不摧,其实却有不少漏洞。如果,你找到了那些瑕疵裂缝,找到了与环境友好共处的位置;如果,你开始为你的发现感到快乐,你会发觉,你也获得了些许大自然在面对逆境时的忍耐与平静。有了这份忍耐与平静,医务人员几乎就能向你保证,你会活得更长久,而且,这种长久还不会缩减你永生的寿命,一秒都不会。

---

[1] 无畏战舰,20世纪初各海军强国竞相建造的一类先进的主力战舰的统称。

## 第十八章
## 再干久一点儿

如果你能尽量推迟死亡的到来，你便迈出了走向不死的第一步，这一点不言而喻。如果你是个闲不住的老家伙，还偏偏有园子有农场，那你就得这么做：能拖到明天的事情，今天打死也不干。这条指导方针不光能让你活得更久，还经常让你效率倍增。就拿去年夏天来说，鸡舍周围长了好些灰菜，每当我想割掉它们（我们这些农夫管这叫"清理场院"），却发现它们又长了六英寸。一来二去的，我干脆不割了。我倒想看看，这草究竟能长多高。呃，好吧。我给自己偷懒找了个说辞。它们长到了八英尺，有鸡舍那么高。我做了个小研究，虽然没查到灰菜具体的生长极限，却发现它的叶子用来做沙拉很不错，给牲畜做饲料也好极了。灰菜种子比农场种出来的粮食更有营养，什么禽鸟都吃，鸡当然也算。我决定了，不管来客怎么想，我都不"清理场院"了。只要有人怪我没把鸡圈拾掇整洁，叨叨普鲁士军队的前哨站多么井然有序，我就会拱起眉毛很虔诚地说，这些破草在天热的时候能给母鸡遮阳避暑，还能给它们避老鹰。

灰菜种子成熟的时候，我也还在给母鸡喂玉米。它们显得对玉米没啥兴趣，但我也不敢肯定它们到底吃没吃灰菜种子。冬天来了,灰菜种子散落在积雪上。一群灯芯草雀①住下来吃起了灰菜籽。我推测,还有些别的鸟儿也来了。终于,灰菜们直不起身了,多半都埋在了雪下。第二年春天,鸡舍周围看起来就好像我在去年整个夏天都没忘除草似的。咋样?懒人懒到骨头里,懒人天生好处多。

但是,种地要是这样可不行。你得有严肃的态度和坚毅的决心,你得流汗,你得吃苦,你要熬得住,还要肯付出。没有这些照样丰收?我可不太信。所以,我并不想反对"一分耕耘,一分收获"的观念。习惯了大半生的面朝黄土背朝天,老农夫或老园丁都会形成条件反射,手头上一有活儿,他们都会铆足了劲儿拼命干。他们觉得,慢慢吞吞或者游手好闲都是性格软弱的表现。成功的人都不愿按部就班、安享晚年,他们想在短时间内收获翻倍,却对身体不管不顾。这么做可不聪明。早睡早起也许会使人健康、富有又聪明,但也会让人早早进医院从此卧床不起。

想在劳动一线生存,高明的农夫或园丁必须劳逸结合,张弛有度。有时,"职业道德"这个词本身就自相矛盾。也许,能让本来只长一根草的地方长出两根来是挺崇高的,但有时候,长一根草就够了。

保持耐心常常是长生秘诀的一个关键。有一次,我就因为对"愚蠢的动物"没耐心而得了疝气住了院。那些动物啊,实际可比看起来聪明得多。我本想赶几头母羊过溪,可它们不太想蹚水,还待在那儿想别的办法。我抓起一头羊,硬生生把它扔到了溪对岸。我几乎能感觉到,我的肠子裂了。

我及时幡然醒悟:得让羊自己拿主意。我学着去哄它们,让它们慢慢往下,走到溪边。然后,我就坐在一根原木

---

① 灯芯草雀,一种发现于从加拿大北部到中美地区的小型、像麻雀一样的鸟儿,以昆虫、植物种子或者野生果实为食。

上,思考整个宇宙。我基本可以确定,羊群知道我想让它们蹚过那条又浅又窄的小溪,但它们希望它们能自愿蹚过去,而不是被我逼着赶着蹚。我觉得,它们肯定得花上半小时才会自己想通、主动过溪,可对我来说,坐在原木上观半小时鸟,总比躺在医院里看三天墙要好太多啦。

有时,赶羊回谷仓也得让它们自己考虑。一旦你明白了羊的心理,这就变得轻而易举。你先把干草放进它们的饲料架,把羊舍门关上,然后回屋吃午餐什么的。等到羊儿们觉得,是时候回谷仓了,它们就会一个个自己进羊舍。你就晚点儿回来,悄悄溜到羊舍门边,把它们关起来,就这么简单。可是,这对一个固执己见的人来说却比登天还难,因为他觉得,就得让动物们听从他的安排,不能任它们随心所欲。

还有一例:去年春天,雨水特多,我迟迟割不了牧场的杂草,结果羊茅都长成了齐腰高的"密林",密得我那台旧的旋转式割草机都啃不动它们了。我那叫一个心急如焚呀。虽说冬天拿羊茅放牧牲畜也还过得去,但我又不是羊茅的粉丝。所以,我要赶紧除掉这家伙,不然它就会结籽,将来还会和我想要的早熟禾、三叶草抢地盘。可是现在,我却割不了它们。接着,多年不遇的旱夏来了,所有牧草都停止了生长。难道夏天我就得开始喂干草了吗?这时我注意到,绵羊在高高的羊茅草里蹚来蹚去,一点一点地吃羊茅穗。嗯。研究(也就是四处打听)表明,没错,绵羊就是会吃羊茅穗。整个七月和八月,它们都在吃羊茅穗和粗糙的羊茅秆,有时,它们也能找到一点儿三叶草和其他一些草来吃,一根干草都不用我喂。九月,下雨了。十月,雨更多。羊群吃剩的老羊茅,秆又老又长,连着些老叶残穗,折断垂了下来。而地上又蹦出了早熟禾,新发芽的羊茅,还有一些三叶草,一片生机。到了十一月,我的牧场竟然美不胜收,仿佛整个夏天我都在坚持除草。真是无心插柳柳成荫。没想到我将错就错不仅省去了割草的功夫,还省了割草机的燃料和损耗。原来,就算想让牧场看上去跟高尔夫球场一样平整,除草也不用这么勤快;过去那么些年,我都在没事找事干。

我想说,人们称颂"整洁",认为"整洁"光荣的思想,已经比"懒惰"给农场造成了更多的伤亡。我想起了住在我们区的一个老农,他上了年纪还坚持修剪不再放牧的山坡和山谷。我们这些老农都爱干这事。他把自己的牲畜全卖了,却依旧保持除草的习惯,不为别的,只为"整洁"。每根杂草都得修剪,哪怕农场上没什么人能到的地方也不放过。一天,眼看修整得差不多了,他却发现了一丛漏网之草,它们就像钉子一样扎眼,只要除掉它们,溪畔看上去就完美了。于是,他就把拖拉机开了过去,不料,追杀野草的过程中,拖拉机居然在溪边翻了车,老农一命呜呼。

我的一个密友也险些在一个陡峭的山坡上遭遇同样的厄运。

"你当时为啥修剪那个山坡?"我问他。

"得阻止灌木生长。"

"为啥?"

"唔,它们会毁了我的牧场。"

"可你无论如何都不会再把那儿当牧场了呀。你现在又没牲畜要养,也没打算再养,不是吗?"

"嗯,它们太难看了,全是刺。"

"你和我都知道,那里也不会长什么树了,最后肯定全是灌木。"

"是啊,可现在我看上去就像个很懒、很没用的农夫。"

案情陈述完毕。

"工作狂"的另一种倾向就是认定这样一条准则:如果"一点点"算"好",那么"越多"就"越好"。我不敢指名道姓,但这儿有一些真实事例。

例一:两个外地人初来乍到,也想加入到当地的食品生产活动中去。他们决定自产鸡蛋。于是,他们在后院搭了个小小的鸡舍,养了六只母鸡。接下来,万事大吉:他们有了四十只母鸡。但他们没那么大块地来养那么多母鸡,也没那么多吃的可喂它们,更没时间去卖它们下的一堆蛋。最糟的是他们没那么多垫草来收鸡粪。他们必须建一个更大的鸡舍,必须开始购买饲料和稻草,而且,如果他们当真想通过卖鸡蛋盈利,他们得养更多的母鸡。可邻居们已经开始抱怨了,说他们养鸡养得臭气熏天、苍蝇乱飞——也许果真如此,但也可能是邻居们的心理在作怪。两位后院先锋备受打击,把鸡转了手。从那以后,他们逢人便说,卖鸡蛋"没钱赚"。

例二:一个满是雄心壮志的园丁迷上了护根园艺。他请我到他的园地看看,给他些建议。于是,我去了。只见他在园地中央,园地大概有一英亩大,一些地方已经盖上了约一英尺厚的旧干草做护根。他的三个孩子都站在周围耙地,看表情就知道,他们根本不开心。我不知道该说什么。我不想打击他,但是,给这么大的园子铺护根,换谁谁都不会开心,而且,据我估计,这个时节就铺上这么厚的护根实在为时过早,大地都还不够暖呢。我咕哝了几句,大概说了这么个意思,还提醒他,这些坏掉的干草护根下边很可能藏匿杂草的种子。实际上,我有一种强烈的预感,他的这番努力终将付诸东流,因为他把一切都做得太多、太快了。尽管如此,我还是尽量表达了对他的钦佩之情,赞赏他自己种粮食还能满腔热情。八月,我再开车经过的时候,没看到他期盼中的园子,只看到高高的"草林"。附言:他洗手不干"园艺"了,他说他没时间,据我所知,他的孩子们也再没摸过锄头或耙子。

例三:一对夫妇搬到乡下过"好"日子。丈夫在他们离婚后承认,妻子原来就对这个决定相当忧虑。搬来的第一年,丈夫开始大片大片地种豌豆、大豆和玉米,就像他说的,

"新领域,试试水"。他梦想着,有一天能做农产品生意赚钱谋生。不幸,又或许是万幸,他还有另一份工作,时不时得在工作日离家出差。"我得照看整个菜园,采摘加工也几乎全是我自己一个包干,"妻子说,"这简直是奴役。"

例四:以前有个新农民,壮志满怀,难能可贵。他在乡下置了块地,投资了少量牲畜。他同上边那人一样,也另有工作,大部分时间都在出差的旅途中。果然,他的牛羊天天往外跑,而他可怜的妻子,为了把牛羊赶回破得都快散架了的围栏,只得四处追赶它们,身后还跟着两个"哇哇"大哭的孩子。这就是典型的让车拉马,你也可以说是把马棚修得金碧辉煌却不让马儿回家,反正都是本末倒置。

农耕与园艺事业半途而废,多半因为当事人热情有余而体力不足。人到四十,终于等来了实现心愿的机会,尤其是做梦都一直想当农夫的男人,更不愿坐失良机。他们有钱,有时间,有本事,也有干劲儿。通常,他们都有自己的事业或工作,所以,他们只能在闲暇时打理庄园,虽说断断续续,但一干起来就是很长时间,昼夜不分,周末也不休。他们觉得无所谓,因为他们就爱在自家园地里干活儿,那是他们的小小乐园。我见过我认识的人这么个劳作法,我只能深感敬佩。一次,我忍不住对一个朋友说,再这么干下去,他非害了自己不可,毕竟他的体力远远配不上热情的高度。他只是一笑了之。可接着,他的背就不行了,这回,他再不情愿也只能提前下岗歇着啦。不过腰酸背疼总比心脏病发作好,经常有像他这样干起活儿来不休息的人,心脏病一发,什么都玩完了,白白酿成悲剧。

务农新手在成长阶段一般都没干过繁重的体力活。(我上小学的时候就得干很重的活了。丰收时,我要把一马车又一马车的小麦、燕麦和玉米铲到贮存箱和饲料槽里,所以我必须学会怎么使勺铲,否则一使起来就是好几个小时,我会累得死翘翘的。)中年时,他们激情澎湃地干起农活来,却不懂干农活也有小诀窍——肢体杠杆用得好,省力不说,还能保护脊柱、腿脚、内脏和肌肉。农场里总要搬些重物,可这些菜鸟却不知道,很多时候,这种重活可以轻干,人体本身就有许多部位可以充当杠杆和支点。在谷仓里撺干草还不容易?俯身,抓住绳子拎起草捆,把它扔到已经撺了三层的草垛上去。嘿!看我多强壮。不过,这股劲可不够用上一整天,而且,不习惯重体力活的老人家要是也这么个干法,麻烦可就大了。老手们都知道,投撺干草时,双腿膝关节、髋关节、脊椎骨和双肩就能组成杠杆系统,运用得当,干活轻松,还不伤身。例如,撺干草的行家要是打算一连干上很长时间,尤其是草捆又都超过了六七十磅重,他就会用一个草捆钩来提草捆。他先钩住草捆一头,把它提起来点儿,让草捆另一头还挨着地,再把钩子往里,也就是往草捆靠地的那头插进去些,直到离地还有草捆四分之一的距离,草捆也顺势立了起来。下面这部分就不容易看出来了。他会侧身贴着直立的草捆,用一边膝盖抵住草捆下半部分大约中间的位置。这样,他用草捆钩和一只手臂提起草捆的时候,膝关节就在另一面同时用力顶。膝关节联合一同抵住草捆的髋部就充当了杠杆的支点,减轻了提草捆时手臂使出的力量,更重要的是减轻了这个动作过程中背部需要承受的重量。而这一提一顶,给了草捆在空中运动的冲力,将它送到草垛上落下。操作熟练后,你使的劲儿就能不大不小,刚好把草捆投放到你想要的位置上,再不用把草捆在草垛上挪来挪去,这样又能给背部和手臂省力。

耙厩肥也一样,身体和耙子要组成杠杆和支点。厩肥都被牲畜反复踩踏过,严实得很,如果你每次都猛然把耙子推进肥堆,又想不打拐就把它抬起来,你的背早晚会受不了,而且一般只会早,不会晚。不管是什么物件,只要你得移动它,你就得时刻保护自己的肌肉和关节,不能让它们承受全部的重量。首先,把耙子顺溜地推进层层堆积的厩肥,不必深,大约四英寸就行。然后,再把耙杆(也就是这个动作中的"杠杆")向下压。这时,耙齿上的弯曲就成了"支点"。经过这些个动作,耙到的厩肥就松动了。可有时,向下压过耙杆后,还一定要再把它稍稍抬起来往前推一推,这样才能把板结的粪肥耙开。这个技巧动作里,耙齿尖又成了耙杆的支点。打松了厩肥,就能双手扬肥了。每耙起一耙肥,都要双手持杆,这样能分担重量,而耙子在空中停留的时候,握住耙杆中央的那只手就是支点,然后双手再把肥挥进撒布机。借着这个动作产生的动量把耙挥肥就能容易些。耙子到撒布机上翻面时,耙杆中央的手处在低处,仍旧充当支点,另一只手把住的那截耙柄也仍旧是杠杆,从上向下稍一使劲儿就把肥从耙上"扑通"一声翻进了撒布机。整个耙肥的过程,身体没一处会受全力,尤其是背和腿。

  体力与年纪,此消彼长,我们这些老不死的又还想干活儿,只要杠杆用得妙,就能给肌肉补充力量。如果生锈的螺母和螺栓咬得死,泡过液体扳手①又用锤子连续急敲都没能让它们动一动,那就用扳手再试试,不过得把扳手手柄加长,套上个两英寸的管子,增长杠杆。这种做法也可能有危险。如果管子太长,杠杆的力就会过大,结果只会折断扳手柄,螺栓照样纹丝不动。但只要你有一点点常识,动作温柔些,凭借尺寸合适的杠杆,一般都能把锈螺母拧开,扳手也不会断。

  老农民还经常遇到另一个难题,那就是拔篱笆桩。如今,几乎家家都有一台带液压抓斗②的拖拉机,能省不少力。给篱笆桩缠上原木链,再把链条钩到抓斗上,抓斗一抬,桩子

---

①  液体扳手(Liquid Wrench),润滑剂品牌名称。
②  液压抓斗是通过液压动力源为液压油缸提供动力,从而驱动左右两个组合斗或多个颚板的开合抓取和卸出散状物料的一种工作装置。

就从地里拔了出来。但是如果你只有马,或者你的拖拉机没有液压升降机,你还有个传统的老办法能用。找块 2×6 英寸的木板,得够结实(比如橡木,否则会裂),把它靠在要拔的桩子离地四分之三高度的地方,在木板顶端切一个小凹槽。沿地面给要拔的篱笆桩底端缠上原木链,再往上缠绕抵着桩子的木板边缘,最后绕到拖拉机拉杆或马车前的横木上。拖拉机或者马匹轻轻一拉,木板就带动链条,把篱笆桩从根上拔,木板一拉直,松动的篱笆桩也从地里拔出来了大半。

液压传动应用前,农场上更常见的是手动卷扬机①和绞盘②。从本质说,这两种机械都是用曲柄转动卷筒,靠缠绕绳索或链条来提升或拽引重物,这比人力大多了。要是还有小马达提供动力,绞盘的力量就更不可小觑了。

绳索与滑轮的各式搭配组合,一定程度上都采用了卷扬机和绞盘的工作原理。拖拉机和液压抓斗不可行的时候,我就用自己的滑轮组。例如,为了保证我砍的树倒在合适的地方,它们就得登场了,因为树落在绳索上总比砸在拖拉机上好,没啥损失。

省力的绞盘或者辘轳在旧时还有个妙用,不过今天,如果看林伐木是你田园生活的一部分,它也依然好使,可以帮小拖拉机或小马队把大原木滚上运货的马车或者平板卡车。从地上架一些粗实的木板,搭到马车或卡车车斗上做承重板。给车子一头系上两根绳,把要装的大木头放地上,与车平行,再把刚才那两根绳绕到木头底下,系到停在车子另一头的拖拉机或小马队上。然后,两根绳子一块儿拉,大原

---

① 卷扬机(又称绞车),用卷筒缠绕钢丝绳或链条提升或牵引重物的轻小型起重设备,分为手动卷扬机和电动卷扬机两种。
② 绞盘具有垂直安装的绞缆筒,是在动力驱动下能卷绕但不储存绳索的机械。

木就能顺着倾斜的承重板滚进卡车或货车车斗里,而拖拉机和小马队却一点儿也不费劲儿,因为所有的重量都由地面和承重板担着。

借助下边的这个方法,我徒手就能搬动小到中号的原木,屡试不爽。把小树苗间隔三英尺排成两轨(想想铁轨的模样),用钩棍①或搬钩把要搬的原木弄上"轨道"。钩棍一把在手,老人干活儿不愁。为啥?给力呀!一旦上了木轨,超大的原木都能沿着轨道滚起来,当然,还得用钩棍。如果原木和滚动的方向正好成九十度直角,那就先用钩棍慢慢把它移到一块木头上,使那块木头顶着原木的中点,这样很容易就能旋转原木,调整它滚动的方向。不必说,人老了还能用瘦胳膊小腿移动沉重的庞然大物,优越感急剧飙升。

就连一些小型建筑也能这么移法。有一次,我想把一个小鸡舍往山下移个几百英尺。那时,我还在神学院,有大把人手能帮忙,可神学院是研习圣经的地方,咋能都来折腾鸡生蛋蛋生鸡的事呢。我们给鸡舍两条长边底下钉了2×8英寸的滑槽,然后往山下鸡舍的新址方向铺了两条轨道(还是铁轨模样)。我们有一些很棒的圆杆,放在滑槽和轨道间作滚轴就成了鸡舍会跑的腿。撬鸡舍一下,圆杆就骨碌碌滚起来,载着鸡舍朝目的地冲去,《圣经》里都没这么神奇的东西。鸡舍跑一截就会打滑停一停,因为要么滚轴用完了,要么是跑到了轨道尽头。这时,我们得用起重器把鸡舍托起来,拾起它身后的滚轴和"铁轨"再补上。虽说跑跑停停,我们好歹把鸡舍迁到了山脚下。只要滚轴没用完,鸡舍都会辘辘地全速朝山下奔,没啥比看这个更过瘾的了。可如果我们把轨道一直铺到山脚,鸡舍肯定会跑得刹不住车,巨大的冲

---

① 钩棍,林业工人翻动木材的工具。搬钩也是集材工具。

力会使它冲出我们的建筑红线①,撞进别人家的房屋里。

还有一次,我要装运一些直径十四英寸左右、八英尺长的原木,可我只有一辆轻型小货车。我该怎么装车呢?我又没有一台前边配着液压抓斗的拖拉机。我只有一根约十五英尺长、三英寸厚的横梁。我在横梁的中点位置钻了个孔,给它拧上了一个重型螺栓,固定在约四英尺高的临时支架(支点)上。这么一组合,横梁就变成了一个巨大的杠杆。我把原木一头链到杠杆一端,然后把杠杆另一端往下压,原木的这头就被抬了起来,高度正合适,刚好可以落到它下边的小货车上(我可怜的妻儿负责操纵小货车)。但原木的另一头还在地上。我就松开原木已经装上车这头的链条,缠到另一头上去,再使劲儿压我的巨型杠杆。小货车配合着稍微那么一倒车,原木就装好了。我太为自己自豪了。我把我的巨型杠杆叫做"赫丘利"②。

给冬天的牧场送一捆干草,一把平底木雪橇加上一点儿雪就能轻松搞定。雪橇低,离地近,你不必费多大劲儿就能把草捆滚上去,省力。雪里带点儿冰就更好了,可好归好,有危险。有这么一个大冬天,一头母羊死了(我说的吧,羊就是爱死),躺在牲口棚后边,不太雅观,我得处理处理。可我不想在这种天气发动拖拉机。我和孙子埃文就去溪边的山丘上坐雪橇。去往小溪的这一路田野全是下坡,缓缓地。可到了乘雪橇的山丘,山坡斜入小溪那一截儿就陡直多了,相当险峻。虽说那头母羊肯定超过了二百五十磅重,它自个儿乘着雪橇在冰上的滑行却挺顺溜。等它滑到陡坡边缘的时候,我和埃文彼此对视点了点头。好嘞!我们一起跨坐到母

---

① 建筑红线(也称建筑控制线),指城市规划管理中,控制城市道路两侧沿街建筑物或构筑物(如外墙、台阶等)靠临街面的界线。任何临街建筑物或构筑物不得超过建筑红线。

② 赫丘利(Hercules),古希腊罗马神话中的大力神。

羊身上起飞喽。牧羊人的史册里都没记载有哪头死羊运动得这么快。眼看很快就要撞上沿溪的栅栏了,再不闪人就只有死路一条啦。雪橇和死去的副驾驶继续前滑,我敢说,它们的速度上升到了每小时三十英里。雪橇撞到栅栏停了下来,但橇上的乘客却没停住,惯性使羊压平了栅栏继续向前猛冲,撞到一棵树才停了下来。即使之前这头羊还没死,现在也肯定没命了。

要想在农场上生龙活虎地干活儿干到老,那就别跟起初的我一样刻意回避机械的帮助。那时,我鄙视四轮机车,觉得它们在农田里"隆隆"地开来开去搅了我的清静,所以我禁止它们在我们的农场上出现。可孙子们却和我唱起了反调,我拿他们又没办法。终于有那么一天,在地里四处走走,甚至走回谷仓,都成了对我体力的考验。我也只好买了一辆"隆隆隆"的家伙。坐在上面,我连鸟叫都听不见,可我觉得,买它是我这辈子最英明的举措。

我正想说园地耕作机也一样好用,反常的事就来了。就实际耕地或犁地(也就是翻土和埋草皮)而言,耕作机是比铁锹来得省事,可我意外发现,耘地却不是这样。园子里的田垄比较狭长,在园地里开耕作机,一垄一垄地耘,一次耘完整个园子,我这把老骨头可吃不消,还不如每天手把锄头耘上二十分钟来得好受些。秘诀在于,得有一把锋利的锄头,锄刃和锄柄角度合适,这样你在把锄耘地的时候,锄刃才能水平击中土地。旧锄头的设计总比新的好,有时,你能在农场拍卖会里低价买到它们。锄头始终不能离地太远,挥锄幅度也不能大。如果你看到有人把锄头高举过头再猛地砸向地面,你就知道,他们很快就得上市场去买机械耕作机了。

今天,有些仓库里堆满了省力的器具,要是我还年轻,它们大多只会招我笑话。可是如果你已经过了七十岁,机械螺旋挖掘机和竖杆机①就还不错,尽管我至今仍尽量不用它们——我打着自己的小算盘,等我强壮的儿子或是孙子把车开进了车道,我就递给他们人力掘取机。吹叶机呢,我还把它搁在杜鹃鸟巢附近,没怎么打算用。不过,我准备试试那种割草装置,它能自动把修剪下来的杂草叶片吸进袋子里。假如我比现在有钱,事业又刚起步,我也要给人行道和行车道供暖。不然,老洁癖们就会在外边忙着铲雪,不铲得心脏病发、晕倒在地绝不善罢甘休,岂不可怜!使用吹雪机能好一些,但是,要在寒冷的早晨启动那该死的玩意儿,你也可能心脏病发哦。大多数时候,只要你等上一两天,美国大部分地区的积雪都会自己融化。非要外出的话,老人家就得车技娴熟,小心翼翼地把车开出覆盖了六英寸积雪的车道,踩油门的脚必须万分敏感又谨慎。如果积雪不深,雪地防滑轮胎就能对付,轮胎压过的雪地,再走就容易了。四轮驱动②系统也大大提升了"不死"的可能性。要是你觉得自己买不起这种系统,那你就在车的后备箱里装上几百磅的压载物,再练练脚踩油门的力道。不过,至少对养老一族来说,最好还是等天放晴了再出门吧。

---

① 竖杆机是将篱笆、栅栏等的木桩或类似的杆、柱打入地下的立杆工具。
② 四轮驱动或四轮传动、全轮驱动,一般用"4×4"或"4WD"表示,指一辆四轮汽车的传动系统可以将引擎所输出的扭矩传递到所有四个车轮上的设计。四轮驱动被广泛应用于很多道路车辆上,以在不同的路面及天气状况下,为车辆提供更好的抓地力及可控性。

第十九章
# 独自哭泣的秘密角落

　　这天早晨,我和往常一样,从干草堆上给下边的绵羊扔干草。昨天,孙子埃文参加了我们当地高中的篮球赛,就在比赛结束的鸣笛响起的关键时刻,埃文投进了制胜的一球。赶巧了,我刚好瞥见厩楼①的角落里躺着一个篮球。我们都把它给忘了。它只剩一半的气,旁边的旧篮板和篮圈全挂着蜘蛛网。也不知在过去的十年里,我和老伴陪着孙子埃文和亚历克斯在这儿打球度过了多少时光。望着瘪掉的篮球,我想,也许——仅仅是也许——正是因为那些年在谷仓里的传球、运球、投球,才有了埃文绝境四秒的投篮反击。嗯,是的,想到这儿,我已经痛哭流涕。
　　谷仓还是挺适合掉眼泪的,没人听见,也没人看见。像这样隐秘的宝地还不止一处,我时常躲在这些地方,独自哭泣。这些年来,我定期去谷仓,感怀时光消逝。哭泣的原因,说不清道不明,因为我忆起的,通常都不是多伤感的事,就像儿子和女儿离开我们去组建自己的小家,天经地义的事,我却哭了。我心里想着,流逝的时光把我的小男孩和小女孩都带走了,只给我留下了少年,少年又长成了男人和女人。小

---

① 厩楼,谷仓内贮放干草或其他作物的地方。

男孩和小女孩一"死"就真死了,不像死尸还有生还的可能;死尸经过腐烂分解就会回归生命,而他们的童年,一去不返。

若不是得知许多人也有他们暗自落泪的秘所,我也许不会写这一章内容。我们都得躲起来哭,不能让人瞧见。绝不能让小辈们知道我们会哭,绝不可表露我们会伤感,否则,孩子们会难过的。

年纪见长,眼泪也愈加收不住。一首老歌就可能让眼泪滚出来,半点儿预告都没有。往昔过时的老照片几乎全是催泪弹。我第一次要找个地方躲着哭是在母亲去世的时候,那时她还很年轻。我们住在费城郊区,人已经算少了,但我还是设法在后院找了个僻静地,起码表面上能远离聒噪的人群。这个秘密园地的正中央是个破破烂烂的鸡舍,这鸡舍是之前我用闲置的建筑材料搭建的。我就拿一个桶倒扣在里面,坐在桶上,谁都看不见我,只剩我们养的那些鸡围在我身边"咯咯"地闹,还齐刷刷歪着小脑袋瞅我。这真是它们的专属动作,别的动物可学不来。想起母亲总是唱着歌,我就哭得死去活来。有时咯咯鸡们也会和着我的哭声扯上几嗓子,但我知道,它们那是在唱歌,不是哭,可它们的歌声却帮着抚慰了我。

孙子们还只是小男孩的时候,我就发觉更有必要找个可以偷差哭的地方了。有一回,我们像往常一样步行穿过牧场(我们几乎每天都上那儿溜达一阵),不同的是,这回我们漫步经过了被我叫做"骨场"的地方——我自己也把羊的尸体留在那儿给秃鹫吃。那天,"骨场"里的两具羊骨架抓住了男孩们的注意力。

"'死了'是什么意思?"亚历克斯问。他跪在地上,盯着那两具骨头。他还不到四岁。我被他的问题吓了一跳。我能说什么?

"你现在看到的就是死。"我回答得直截了当,因为话就这样溜出了口。

　　沉默。我尴尬极了:这样的小小男孩就得开始理解"死亡"的概念。但他什么也没说,只是看着那些骨头,眼神不太对,然后站起身走开了。他平时的那股欢快劲儿在此刻无影无踪。

　　我自己还是小男孩的时候却对死亡有点儿麻木。那时我在读小学,和同班同学共同经历了不少残酷的事,其中一件就是我们必须参加学校的唱诗班,为葬礼演唱。那个年代的天主教葬礼,自始至终都萦绕着格列高利圣咏①,圆润低沉的拉丁挽歌本身就足以让人眼泛泪花。就那样,参加葬礼成了我的例行公事。逝者的亲属朋友总是坐在教堂的长椅上哭哭啼啼,我却变得完全不为他们的悲痛所动。我猜,从事殡葬工作的人也和我一般感受。我在想,是不是唱诗班的经历为我提前做好了准备,使我更容易接受心爱的人离世。没错,再多棺材也不能让我热泪盈眶。不像现在,一想到我的两个小孙子,还是这么丁点儿大的小人儿就开始试着理解死亡的意义,我就泪如泉涌。

　　家乡的小溪边有棵高大的垂柳,我想独自哭泣的时候,可以藏身的另一个秘密角落就在那儿。垂柳的枝干间有个大树杈,我坐在上边,周围的田野尽收眼底,地上的人却完全看不到我。看来,这个地点选得还挺合用。第一次在那哭也是因为我的小男孩。我坐在树杈上,看着儿子在田间奔跑、唤他的小狗:"这儿,达斯提,这儿,达斯提,这儿,达斯提……"他高声呼喊,声音此起彼伏,如此欢乐自在;而这声音,穿过我身边的柳枝,淡淡散去。突然,可怕的念头汹涌袭来,我才意识到他很快就要长大了。小男孩就要没了!我的泪水夺眶而出。之后的许多天,我都坐在垂柳上垂泪,耳边

---

　　① 格列高利圣咏(Gregorian chant),以教皇格列高利一世(540—604年)之名命名的中世纪圣歌,是一种单声部、无伴奏的罗马天主教宗教音乐。

依然回响着他的声音,仿佛这树已经把它保存了下来,就像录进了磁带一样。

几年前,老柳树被刮倒了。我当然很难过。我从小就认识它了,那时它生长的这片土地都还不属于我。但接下来的事却让我毫无防备。我们带着十几岁的外孙女贝卡回去看那棵倒下的柳树。她看到老树平卧在地的样子竟一下哭了起来,还跑开去不让人跟着,真让我措手不及。她还太小,还不知道自己需要一些可以独自哭泣的秘密角落。

那时,我还不知道小姑娘的心思。贝卡和两个孙子不同,她没在我们膝下长大,只是偶尔来探望我们,可她却十分眷恋我们这片土地。她妈妈已经给她讲了许许多多在那棵柳树下玩耍的故事。后来,她准备去读大学的时候,随口就说她希望她的孩子们也能知晓一处像我们这儿一样的地方,因为在这儿,羊群和小孩都能自由自在地乱跑,哪怕只是跑上一会儿。想想这些,我就又得多掉些眼泪。

但是,有件事我却怎么也不敢回忆,除非我在自己的秘密角落里藏着,因为每忆一次,我都会泪如雨下。那天,我要启程去很远的医院检查身体。全家都围坐在餐桌前讨论我的病,孙子们也能听见。我们竭力轻描淡写,可他们还是好骗。临行前夜,我们相互道别,一家人继续假装我没什么大病,过几天就能平安回来。我再三交代家人,我俩不在家可别忘了给鸡喂食喂水,还有……第二天早晨,我和卡罗装好行李,准备驱车三小时去克利夫兰诊所①。刚要出发,我们就听到路的那头传来了熟悉的"隆隆"声——是埃文。他从他的父母家开着四轮车赶了过来,开了差不多两英里地。他要来再告一次别,他知道这是最后的告别。他还只是个少

---

① 克利夫兰诊所(Cleveland Clinic),位于美国俄亥俄州的克利夫兰市。它虽译为诊所,实为美国综合性大型医院,现已成为世界上最繁忙和最具创新性的医疗中心之一。

年,凡事都得靠父母,属于自己的东西都没几样,更别说能自己独立了。可他有四轮车,他能独自开着来向我作最终的告别。

我们动身出发,他就在我们身后跟着,一直跟到公路边。他最远也只能送到这儿了。他在尽其所能陪伴我到最后一刻。后视镜里,他的神色那样孤苦,让我难以承受。我不敢哭,否则卡罗会挺不住。我咬紧牙关,直到下巴生疼。那个定格在后视镜里开着四轮车的小男孩,从此便铭刻在了我的脑海,这份记忆总能让我老泪纵横。第二天,我第一次听到了这个荒谬透顶的消息:我可能要死了。但我的脑海里竟浮现出那个总能让我流泪的画面,我比往常更加想念我的小男孩。我答应过他,我们还要在谷仓里打一场篮球。

# 第二十章
# 直面死亡

　　起初,我以为只是年纪大了,体力一天不如一天,这种变化细微而缓慢。终于,就连走到谷仓的这点路我都得停下来歇好几回。医生们发现,我的右肺周围有积液。开始,他们觉得可能是肺炎,但没确诊明显的症状。于是,他们又检查我的心脏和动脉血管。对一个贪吃了一辈子黄油和奶油的老头来说,检查结果还不错。这听起来像是好消息,但如果我的心脏没问题,那就只剩下另一种可怕的可能——癌症。他们检查了我的双肺。也没问题。接着,又进一步检查了右肺周围的胸膜腔。最初也没见那儿有癌症的迹象,但现在回想起来,我感觉医生们仍没排除癌症的可能。接着是肺周的活组织检查。从这个手续(没人再用"手术"这个词了)醒来,我就凝视着卡罗的脸。啊,那双眼睛!那张我注视过多少次的面庞,曾经总是写满欢乐。可现在,她却不得不告诉我这个坏消息;那一脸的忧伤,比我得知自己患了癌症更令我痛心。或许,我可以否认自己得了癌症,但我却无法否认她的满脸神伤。主刀的外科医生面带遗憾,却也不失信心:"如果你相信自己够幸运,我们通常还是有办法的。"

　　就这样,我开始与癌症作斗争。听起来有点儿夸大其词,其实我就在那儿闲坐着,医生们和护士们全权负责所有战斗。我要先说些细节烦一烦你了,因为如果我是读者,我就希望能先读读这样的前情介绍。这段磨人的经历没我设想的那么糟。第一件事就是要排出肺周的积液。外科医生从我的胁部插入一根胸膜导管,护士们教会我们具体的操作,每隔几天就把多余的液体导出体外。我们心里都明白,这要坚持做上很长一段时间。医生说(故作随意状),他有一个病人插着导管生活了两年。哦。后来这个病人康复了,对吗?沉默。这还用问?我可没那么傻。他死了。

最初护工们会来我们家,确保我们会正确使用导管排液,但卡罗通读指南后也能独立完成大部分的操作。我记得我们俩对排液都很乐观,尽管还没任何好转的迹象,我们也总是说,这很快就要结束了。果不其然,化疗开始没多久,那些液体就干了。才短短几个月我就能拔导管了,还是在诊室里拔的,不疼,也不用打麻药睡着——就"啪"一下,真的。我感觉自己就像一个做苦工的奴隶被摘掉了镣铐。我甚至有了勇气相信,我会好的。

化疗前,要从我屁股正上方的骨头里抽骨髓采样,看看癌细胞是否已经扩散到那儿。采样只需几秒钟,疼痛也非常短暂,几乎可以忽略不计。结果显示阴性。放疗就不必做了。

化疗持续了六个月,每月一天。跟许多病人比,我算好过的。我原本还以为自己快死了,不由把一切都夸大了往坏处想,而事实上,化疗也没那么恐怖。就像我说的,恐惧,才是最糟糕的。第一次化疗刚开始,护士就在她的迷你演讲里安慰我:"不舒服都是道听途说,其实没那么难受。"她说得对,几乎一点儿都不疼。接受化疗后的第一天晚上是会发烧、恶心,但那也比得流感好受。护士让我带回家止呕的药,我一粒也没吃。两片泰诺①就把烧给退了。我的头发没掉，我的胃口却没了，可饮食又十分必要，因为还得保持体力、限制减重。我从没想过吃东西都能变成煎熬，但硬把食物塞下去还真是种折磨。不过另一方面，戒掉晚上的波旁威士忌却一点儿也不难，甚至一想起它，我就要吐了。于是，我的体重轻了，胆固醇低了，最后血压也降下来了。我开玩笑说，受这些问题困扰的朋友，不妨化疗试试。化疗后的第三周，恶心的感觉会逐渐消失，所以到下一次治疗前，我会有大约一周的时间接近常态。如你所料，如果没食欲就算是化疗最让我痛苦的事，显然我也没想到先前那个令我恐惧的痛苦竟会是它。就连浑身无力也没让我觉得有多难挨。当你身体虚弱得走不了路的时候，起身坐着都是奢侈。而我不只是坐着，我还坐着写作。

每次化疗会持续五小时左右。我喜欢独自在单人病房里接受化疗，但后来也习惯了到那些大病房去。那里人多的时候，一间病房会有十几个病人同时化疗。刚开始，赤身裸体地暴露在众人面前还让我很不好意思，但我逐渐学着跟其他病人聊聊天，或者静静地看着他们，坐上几小时也没那么乏味了。细细观察，病房里也有许多故事。共同抗癌使我们结成了战斗情谊，这也成了我们集结的口号。但最重要的，还是我这个幸运儿在化疗时能有体贴的妻女陪着。她们硬是干坐在那儿熬过了几小时，可活泼积极的样子让人感觉好像我们都在等着宣布好消息，仿佛我会拿个普利策奖②什么的。护士们对病人总是关怀备至，脾气又好。有她们在，心情舒畅多了。我总是靠开玩笑来掩饰我的恐惧，而她们开起

---

① 泰诺，解热镇痛类感冒药。
② 普利策奖（Pulitzer），亦称普利策新闻奖，是1917年根据美国报业巨头、匈牙利裔美国人约瑟夫·普利策的遗愿设立的奖项，到上世纪七、八十年代已发展为美国新闻界的一项最高荣誉奖，现在，不断完善的评选制度已使普利策奖被视为全球性的一个奖项。

玩笑来，个个游刃有余。

幸好女儿珍妮一家就住在克利夫兰，这样我才方便安排在克利夫兰诊所的治疗。必要时，治疗前和治疗后的两个晚上我们都可以住在她那儿。克利夫兰诊所的医术众所周知。给我治疗的医生全是超级好人，对病人还特关心，协助他们的护士也一个样。我患的是滤泡性淋巴瘤①，我的主治医生是这方面的专家。我一说自己快死了，他就温和地斥责了我。他确信他能使癌症得到控制。所有护工都全身心地对待我们，每次化疗前都来看望我，与我交谈，仔细察看我的各种状况。这样的会面不像医疗检查，倒常常有种临时聚会的氛围，信不信就由你喽。一次，医生、护士们了解到我们喜欢幽默，他们就让我们一直大笑，我们有时也能让他们笑个没完。要问从整个癌症事件上学到了什么，我一定会说，幽默永远是最好的药方。它还会传染。如果你很幽默，你的医生、护士就也会对你幽默，这会药品一般有助于身体康复。

好吧，这么说确实夸张了些。治疗癌症其实让我见识了今时今日的医疗水平有多先进。他们向我体内注入了两种液体，其中一种液体含有我叫做"小虫"的东西（因为我老是忘记它的本名）。"小虫"在我的血液里小步疾跑，像一群猎犬追捕兔子那样追杀癌细胞。我无法想象要投入多少脑力、财力，才有了这项研究成果和许多其他的抗癌新技术。癌症不再千篇一律是死亡之吻。听到人们嘲笑公费医疗，我也只能摇摇头，不相信那能行得通。当今社会，人们享受到的医疗服务可是一笔大账单，一个人再富也无法凭其一己之力付所有的钱。我们每个人都该贡献自己的一份力，可就算这样，我也不明白，万一将来活着不死的美梦成真，每个人又该

---

① 滤泡性淋巴瘤在全世界占非霍奇金淋巴瘤（Non-Hodgkin lymphoma, NHL）的22%，最常见的表现是无痛性淋巴结肿大，典型表现为多部位淋巴组织侵犯，有时可触及滑车上淋巴结肿大。

怎么分担支出的费用呢？

克利夫兰诊所不是一般大，像我这种大部分时间都待在树林里离群索居的人，在这儿只会感到不安。我们的车驶到其中一栋大楼的入口时，就像停在了一个豪华酒店前。还好有女儿珍妮开车，大城市丝毫吓不到她。车辆成群结队涌来，到处是人，还有各类助手和服务员。他们有的疏导交通，有的帮助病人，必要时提供轮椅，或是指引人们前往各种诊室，教病人使用各式医疗设备。我感觉自己像只老鼠，身边是群大象，他们知道我在脚下就都很小心，生怕踩着我。每天，成百上千的病人蜂拥至此求医问药，而整个系统竟能掌控自如，真是不可思议。入口的工作人员和接待员也很令人诧异。他们帮病人办理入院登记，记录病人医保等信息。我大吃一惊是因为，我曾无知地以为，在这类岗位上工作的人，你知道吧，智力都很一般。可是，等我看到他们如何把接踵而至的病人妥善安置到各自所需的治疗室或医生的诊室时，我才知道，头脑一般的人干这个可坚持不了两个小时。大概就在我第四次到同一张桌子办入院登记的时候（注意，离上一次已经时隔一月），我站在那儿排队，感觉自己就像一只蛆，身边还围着一群蛆。一个接待员抬起头来喊了一声："嗨，罗格斯登先生，你今天好吗？"她每周要接待成百上千人，可她居然记得我的名字。"你究竟怎么做到的？"我问她。她只是微笑着说，有些人会比其他人难忘。后来我做了一番调查才知道，这其实是她为单调的工作增添一抹亮色的方式。显然，她有过目不忘的本领，而且还练了点儿能把人名和面孔对上号的记忆技巧。她名叫麦卡。敬你，麦卡！你为我黑暗的日子注入了一小束美好的亮光。

化疗前总要验血——我把这叫"放血"。如今，把针头刺入静脉抽血，或者对静脉进行注射都很平常。但老在同一个地方扎针，静脉血管也受不了。所以，对于需要多次静脉注射的病人，通常最后都只能往他们下巴正下方的大静脉里插根导管或开个口给药。如果要频繁打针的话，这种方法还是比较可取的，我这种情况看似就没必要了。尽管如此，静脉注射还是成了整个治疗里最让我惊慌失措的环节。卡罗说，那是因为我是个大宝宝。血管的舒张程度随扎针部位的不同而变化，有些护士也总比其他护士扎得好。有些天，我会被护士扎上两次，甚至三次。于是我学乖了，要是护士第一针扎偏，我就装淡定，装无所谓。其实那时候护士和我一样不高兴，不过如果我能保持镇定，还能说说笑，那她一般是第二针就能扎准了。

血一抽好就即刻送去做诊断，有时我还要做 X 光或身体扫描检查，然后我们才与相关的医生及他们的工作团队会面。医生们工作繁忙，我就做好了长时间闲坐干等的准备。我不是很介意就这样等待，因为如果医生还没来，他们一定是有事要谈所以才迟到。他们对所有病人都一样。

珍妮常把笔记本电脑带在身边，这样我们就可以查阅我的办公邮件，需要即时处理的就赶紧回复，然后再查查我的博客，读读最新的跟帖。能跟上工作进度既让人宽慰，又能让时间好过些。我还可以在等候期间看看电视，自娱自乐。要是在平时，我也不觉得电视有什么可乐的，但那段时间正值共和党提名总统候选人，所以他们就上演了一场我在电视上看到的最有意思的闹剧。直到今天，我都要感谢他们每一个人，提供了这么好的笑料伴我度过难关。

即使见了医生和他的团队，得知了验血及扫描、X 光检查的结果，我也还不能化疗。我还要在宽敞的大厅里等候更长的时间。那儿的拼图总是被等候的病人或他们的同伴拼来拼去。当然，大厅里也有杂志和报纸可以读。有块地盘上还有音乐家演奏乐曲。真妙。可是，几乎人人都选择用智能手机来消磨时间。我突然想到，这个时代的博物馆门庭冷落、揽客乏术,他们就该把展品摆进大医院和机场里,这些地方的人有的是时间,等候是常态嘛。但接着我又想起来,人们现在用智能手机就能看完博物馆的展览了。我们生活的世界啊!

终于,一个向来都很和善的护士把我领进了化疗室。护士们也很欢迎卡罗和珍妮的到来。这对我来说是个非常重要的细节——医院允许一两个家人陪同进入化疗室。有卡罗和珍妮在身旁,我要克服恐惧就容易多了,更重要的是妻子和女儿总能以绝对专业的精确度理解我对每个问题的回答。我依赖她们。我容易自动屏蔽药物词汇:描述我病情的专有名词,我的药丸,他们给我的化学药品等,所有废话我通通不愿想。我假装只要不学这些语言文字,我就不必承认我病了。

等我舒舒服服地靠好在病床或填充椅上,化疗第一步就正式开始了。我会先吃一粒药丸或来一针苯海拉明①,它们会让我变得昏昏欲睡,然后再吃两粒止呕药和两片泰诺。他们总会给我准备水或果汁,鼓励我多喝一些。接着就是静脉注射。很快,护士会拿来一袋药液,挂在床边或椅子边带轮子的输液架上。袋子里的液体冰凉。护士们会检查再检查,彼此核对了相关信息之后再同我核对,确保东西百分之百没弄错。这么多病人要接受化疗,她们必须极其谨慎。我想想,去年一年,我至少对她们报过五千次我的生日。

液体从袋子里滴了下来,沿着输液管进入我的身体。我能看着它滴。输液的这只胳膊都变凉了,因为那液体就是凉的。要是觉得冷,那儿也提供毛毯。往往在化疗过程中,苯海拉明就开始见效了。我不仅犯困,还比平时更絮叨。有些

---

① 苯海拉明(Benadryl),此处指盐酸苯海拉明注射液,主要用于急性重症过敏反应,可减轻输血或血浆所致的过敏反应和手术后药物引起的恶心呕吐等。

病人一化疗,大部分时间都在睡,我就没那种好运了。大部分病人化疗时会看书,而我紧张得连书都看不下去。

第一次化疗时,护士们一直在我身边转,比后来化疗时要留心得多,毕竟初次化疗无从预知病人的个体反应。我的身体接上了各式各样的监测器,监测血压啦,血氧含量啦,诸如此类。护士们不停问我感觉如何,而我,自视身为男性就傻不拉叽地死要面子活受罪,明明已经感觉不舒服了还执意装出一切好极了的样子。第一次化疗期间,我的手臂疼了起来,疼得我实在受不了。他们便即刻采取了行动,停止输液,让我挪动身体做种种调整,一边也没忘训斥我,怪我没让他们知道哪怕是丁点儿的不适。有好几次我的血压都低得令人担心,他们让我平躺下来才有所好转。我学会了对血氧含量的数据做手脚。他们在我的食指上夹个小东西来测血液中的含氧量。正常的数值应该在 97 上下,所以只要我暗中吸进大量空气,我就能把测量结果,比方说从 94 提升到 96,这样就过关了。可是我这么做吧,嗯,有点儿疯狂,毕竟测量终归是为了得到准确的数值。另外,我一点儿也别想糊弄住护士们。疯老头儿的脑袋瓜里能想到的那些个歪招怪癖,他们全都见识过了,而且要是你让他们开口讲话,他们可都不比出色的单口相声演员差。

带轮子的输液架对我这样的老农民来说真是超级成功的技术,治疗所需的零星物件,全都杂乱地挂在上边。它还自带电池,不插电也能正常输液,电池又耐用,那些小装置光靠它就能正常运转很长时间。我还可以站起来,把这可移动的输液架当拐杖使,细心地挂好所有的管子,我就能从容地上洗手间去,完全没问题。

有时候,由于输液软管被别着,或者由于其他多种技术之神才知道的不明原因,药液会停止往下滴,小装置会"嘟嘟"响,当然,我也开始惊慌失措。也许,我的身体已经停止了正常运转，死亡迫在眉睫。可过了一会儿我才发现，这东西和以前同我打过交道的机器一样，没人摸得透它们的倔脾气，不论什么事，它都会时不时"嘟"几下。然后，护士马上会过来处理妥当。有时，"嘟嘟"声不过是提醒护士，一段输液快结束了，她需要加快滴液的速度。我的手边有一个小小的按钮装置，必要时，我就按它来叫护士。"嘟"声听多了，我也不怕了。

我得讲个故事。第一次手术（或者说"手续"）前，医生想弄清我到底是什么毛病，我呢，自然是被麻醉得睡着了。但睡着前有个阶段，病人会是半睡半醒的迷糊状态，而且还变得非常健谈，尤其像我这种本来就爱饶舌的人，话就更多了。所以，那次手续前，我觉得自己必须告诉满屋子的医生、护士和勤杂工，我写了本书，名叫《神圣的粪便》(Holy Shit)，而且那时的我，觉得这本书超级好笑。向所有人宣告完这个重大历史事件还没多久，我就睡着了。当然，我也彻底忘了这段小插曲。大约一个月后，我又在手术室里了，要做第二次"手续"。我看了看周围的人，想展示展示我并不害怕。这次装镇定，我最漫不经心了。端着这副架子，我对他们说，有些人看着眼熟。我也说不出为什么会觉得那个样子让我比较酷。但有位医生可不管我酷不酷，故意从房间那头大声说了句话，所有人都能听见。"是啊，你就是那个写了本屎书的家伙。"哄堂大笑。再醒来，这便成了我记得的最后一件事。

诊所里面和周边不只有各种店铺，还有各式餐馆，这样，我坐那儿数药滴的时候，卡罗和珍妮就可以时不时出去透透气。有时，我在化疗过程中就能吃点儿东西。不知什么奇怪的原因，我竟有点迷上了巧克力奶。

每过半小时，输液的速度就会增加，所以后半袋会比前半袋滴得快。再没什么能比静脉滴注的速度慢了。只要它能每秒滴四滴而不是每秒滴两滴,我的心情都能好起来,神奇吧!第一袋输完,我还要挂上另一袋不同的药液接着输,步骤和第一袋一模一样。直到这时,我才明白什么叫"时间静止"。好在不管怎样,一期治疗总会结束。身体再虚弱,我都能走出大楼上车。实在不行,我也愿爬。

有时候,特别是前两期治疗结束后,我们回到珍妮家,我感觉很好,享受珍妮做的美味大餐都没问题。(每次化疗后,持续的恶心通常要等到大约第二天才开始。)我又一次感觉,自己能和家人待在一起是多么幸运。我可以对女儿珍妮和外孙女贝卡多加了解,而卡罗也能在家人的陪伴中得到安慰。她与珍妮和贝卡可以好好地待上很长一段时间。传统文化说,有个慈爱的上帝在天堂注视着我们,但是有人不相信;我喜欢对这样的人说,我就是证据,这样的上帝或许真的存在。

虽然我的身体状况看似在好转,体内的癌细胞也在减少,但我仍要面对这个严峻的事实:我的确正面临着死亡。是,我们所有人都在面对死亡,但现在它真真切切地来到了我面前,不再只是假设。很久以前,我还没得癌症的时候,我就已经做好了心理准备,所以,我不怕死。经过多年的深思,又经历了我在前面的章节里讲述的这一切,现在的我坚信,各种有关死后来世的宗教信仰都不过是无稽之谈。我不想批评或者贬低持有这些信仰的人——我知道许多濒死之人都从中得到了抚慰——但我的思想不在那个频道上,那种慰藉对我而言毫无意义。我已经发现了另一种看待这个过程的方法。我一旦死了,那我就是死了。不省人事。我不想去天上什么奇怪的地方,也不想在那儿还能看到或感知到生前的世界,因为那里面还生活着我爱的每一个人,我免不了会为他们牵挂。死,忘却生前的一切人情世故,并不可怕。这样想才有种欣慰。我尝试向有信仰的人解释这个想法的时候,他们听着听着,表情就变了,绝望又微妙,然后他们就开始设法避开我。

然而,平静接受已然的死亡状态只是完成了一半的战斗,我还不能坦然面对死亡的过程。与亲朋好友诀别,感受看着他们看着我死的痛苦,这一切,我都还无法做到心如止水。但是,虚弱、恶心、食欲不振、性欲减退、视听能力下降、没完没了地看医生,都使"死"这件事不再像我年轻时感觉的那样恐怖。大自然自有办法让人们做好迎接死亡的准备。我开始理解祖父说的话。他说,对于那些和他一样有幸活到九十多岁的人而言,死亡真是种解脱。我也明白了那段时间他时常对我说的,要想理性又乐观地看待死亡这整件事,"活一天乐一天"的心态就不错。那样生活确实能给人带来某种乐天知命的释然。在年轻人眼里,未来才是全部,可未来在很多时候会让人心生恐惧,因为未来的一切都不可预知。就老年人而言,他们却只有今天,明天也许又会生变什么的,但他们只要专注于当下这个唯一真正存在的时刻,就能得到一种满足。人应当学会珍惜当下的点点滴滴,这才是老少皆宜的幸福秘诀。

# 第二十一章
# 又一春

癌症得到了缓解,或许已经全好了。谁知道呢?春天又来了,我想象自己也得到了重生。我不知道该如何看待自己。我已经做好了赴死的心理准备——如果会死的话——可现在又得到宽大处理,死不成了,缓刑一判,我至少还能多活一个春天,活上好几个春天也说不定。不管是知道自己患了癌症,还是发现自己的癌症得到了缓解,我都没什么激烈的反应。我既没觉得宇宙要大爆炸,也没呼天抢地要死要活。我只觉得自己的灵魂出了窍,仿佛一直盘旋在空中看着我的身体,如同一只秃鹫凌空注视一头病羊。我似乎快成了自己的身外之物,一个身处异乡的异客。

我曾说,年轻人眼中的未来,真真切切,引人入胜,只是有点儿让人害怕。而我这个老头,全无未来可言。没有未来的生活该多没劲儿呀!可说来也怪,我却没觉得有多空虚无趣。不必分神忧心未来,我便能心无旁骛地面对此时此刻。"现在"就是我的一切。

这种看待人生的新视角还有一个好处,那就是感觉更自由。我不必再像以前那样提心吊胆,担忧自己对科学或宗教的独特见解会惹恼他人并招来愤怒的报复。我也不用害怕会丢了工作,因为我已经没工作了。我不竞选公职,也不想赢得人气。我老了，不在乎别人对我还有几分尊重。什么都不在乎的老人家可能会成为社会的危险分子哟！

既然没什么未来，我也就不再有心思争论什么话题了，这可是我曾经最爱的消遣。我现在才明白，让辩论茁壮成长的沃土只存在于经过头脑巧妙编织的虚构文字里，不在真实的天然世界中。真实存在的我已无暇辩论。我甚至开始憎恶对峙，它只会搅扰我的安宁，使我无法专注于心外的世界。而许多真正未知的事物，还在那个世界里等着被发掘。我体会到一种心智上的解放，这种感觉类似于身体摆脱了性欲的困扰。年纪轻一点儿的人就得不断对抗性欲的折磨，每逢性欲发作，他们都心烦意乱。

出乎意料，科技上的进步竟也在为毫无未来的我卸下生活的重担。我对生活有一大兴趣，那就是证明：只有食物自由才能实现政治经济自由；放弃食物独立，支持依赖奴隶和不可持续发展的机器来获取食物，是社会倒退、文明衰落的基本原因。若要验证这种观点，唯一途径就是得更为细致地研究以往社会文明的衰亡史。我们眼前的这个世界，满目疮痍，衰落的文明废墟简直比比皆是，而人们正想办法用电子技术复原这些遗迹。最近，探险者在中美洲和南美洲的丛林中，确切地说是在洪都拉斯①发现了城市的遗迹，其规模与复杂程度远超预期。装载光学雷达②的飞机只需在密不透风的丛林上空低低飞行，便能找到并绘制出这些"新"遗迹，不出数日就能完成在陆地上耗时数年的工作。光达和其他电子手段的运用表明，电子时光机这样的东西也成为了可能，我们能比之前更详细透彻地研究过去，然后将所得经验

---

① 洪都拉斯（Honduras），中美洲共和制国家，4—7世纪时，洪都拉斯西部为玛雅文明中心之一。

② 光学雷达，简称光达，是一种光学遥感技术，通过向目标照射一束光，通常是一束脉冲激光来测量目标的距离等参数，在测绘学、考古学、地理学及大气物理等领域都有应用。

用于指导未来。假设研究结果证明,就是因为我们轻视食物,认为它的存在理所应当,才使得现今耸立在城市中越来越高的摩天大楼总有一天也会倒塌,四处滚落的残骸会像那些古老的废墟一样被层层密林包裹,人们会作何反应呢? 光想想这些可能似乎就够让人激动的,而秉持这份纯粹的执拗,我都能再多活几年。

如果将来真的发明出时光机,那么无论科学用它做什么,我都决心用它来向过去每一个我能忆起的瞬间吸取最大的惊奇与欢乐。这样,生活也变得如同从前一般,光彩夺目,令人兴奋。我仍会时常哭泣,但那是品味珍贵回忆所带来的甜蜜悲伤。我最爱的歌曲里有一首诺埃尔·科沃德①的《我会与你再见》("I'll See You Again"),我不停唱着歌中的几句词,我的境遇已经赋予了它新的深义:"我将再次见到你,每当春天再出现。"

才一月份,我就已经思量着再次享受春天了,这可是大自然伟大的复苏季。我凝望着窗外棕色的地面,它看上去毫无生气;有时地面会是白的,不过仍旧一片死寂。我的心悲痛地向我宣布:生命的一个真相是死亡。但接着,它又反驳说:死亡的唯一真相是生命。我哼着"我会与你再见,每当春天再出现",仿佛我的心已不再属于自己,尽管这首歌的最后一个词是"再见",我还是要哼着它回答我的心。我要观察大地的更迭新生,尽我所能细致入微,小小新意,大大欢欣。

究竟冬至后多久春天才算来了呢? 一月的时候,我就已经在树林里发现了小墩小墩的绿苔藓。为何之前那些年我都没注意到它们呢? 也许过去我太忙着忧心未来。一个小

---

① 诺埃尔·科沃德爵士(Sir Noël Coward,1899 年 12 月 16 日—1973 年 3 月 26 日),英国演员、剧作家、流行音乐作曲家,因影片《与祖国同在》("In Which We Serve")获得 1943 年奥斯卡荣誉奖。

研究显示,这些苔藓其实在十二月就开始变绿了。大自然从未完全死去,它只是在寒冷的时节减缓了生息。更新才是常态,死亡不是,死亡只是更新的第一步。

我开始好奇牧场池塘的最深处在冬天是个什么情况。我把带柄的塑料壶系在一根长杆上做了个长柄勺,用它从池塘表面的冰洞里把塘底的水舀了出来。那水里竟有形形色色、几乎用显微镜才能看见的小虫和植物!生命没有停歇,只是隐退了一些。鱼类、乌龟和青蛙们都在淤泥底下,倘若它们有意识,多少都会像人类一样蛰伏。人们却在冰冻的水面上打曲棍球。

房屋后稍避严寒的角落,水仙与雪花莲俯身低嗅,一英尺外边便是一月即将消融的积雪。看起来活不长啊。寒冷天气一来,它们必会丧命。

厨房窗外,落到喂鸟器边上的鸟儿们没给出任何迹象表明现在是死亡的时节,只有金翅①穿上了它们为寒冬准备的褐色西装,若是阳光明媚的夏日,它们会换上鲜黄的运动装。冠蓝鸦总爱对小一些的鸟儿逞威风,红腹啄木鸟②一来就把这些横行霸道的家伙打得落荒而逃,看得一旁的我喝彩欢呼。不过这对小小鸟们来说都无关紧要。五子雀和绒啄木鸟③会飞快地冲进喂鸟器里抢种子吃,那些霸道家伙都来不及横加阻拦。红雀④是唯一彬彬有礼的来客,它们甚至能谦恭娴静地让小小的树麻雀和黑顶山雀在它们身旁一块儿用

---

① 金翅,指美洲金翅雀,北美洲的一种雀,春秋两季会换羽。
② 红腹啄木鸟,成年雄鸟头项有红帽,翅膀和上体是黑白相间的斑纹状羽毛,腹部有一片红羽毛。
③ 绒啄木鸟,北美洲最小的啄木鸟,白腹黑背、黑项,黑翼上有白色斑点,头部有黑白相间的条纹,尾巴短小,雄鸟头部有红色羽毛。
④ 此处指北美红雀,是一种北美鸣鸟,头上有一个有特色的羽冠。这类鸟儿同种异形,区分于其羽毛颜色,雄鸟是耀眼的红色,而雌鸟则是淡红褐色。

餐。白顶雀只在地面被积雪覆盖时才现身,可我不知道,大地都已空空如也,它们吃啥呢?这还真让我烦心。家朱雀①就太常见了,不过总比家麻雀②好,家麻雀总是把屎拉到平台栏杆上,别的鸟儿都没拉那么多,我都不大欢迎它们了。但说来也怪,与其他鸟儿相比,通常家麻雀在人类眼皮子底下活动的机会要多得多,可它们对人类却极存戒心。要赶走一群家麻雀,我只需轻叩窗户,它们就"呼啦啦"地飞走了,其他鸟儿却还留在原地,想弄清楚是哪来的声音。或许,和人类的密切关系使家麻雀心知肚明,我们人类是大自然最大的威胁。

簇山雀回来了。能看到它们真好。它们失踪了一年,我们还担心是不是大自然又在哪儿失了衡夺走了它们。然而大自然再一次展示了它保持平衡的能力,多多少少,总能回到原点。不是保持平衡,是压跷跷板,时高时低。

二月终于来了,辞旧迎新的迹象也多了。野生黑树莓的细茎发出了复苏的信号,精彩壮观,独树一帜。微暖的天气已经持续了一段时间,每当雨后突然洒下和煦的阳光,那些茎条便挂着露珠,闪耀着诱人的淡淡紫色。真没想到,雪花莲抵住严寒活了下来。现在的气温已经超出了10℃,它们的白色花苞依然紧闭,低垂在逐渐消融的积雪边。不远处,冬乌头的茎微微对折,小手肘似地撑在地上。水仙根本就按兵不动,不过它们已经长出来的绿色花尖也没丧命。

到了晚上,树林里的大角猫头鹰③们唱起了求偶的情歌:"呼呼呼呼……"这可是我心中春天所发出的第一个声

---

① 此处指美洲家朱雀,分布于北美地区和中美洲。
② 家麻雀(又称英格兰麻雀),由欧洲人把它从原产地(欧亚大陆的大部和北非)带到世界各地,是鸟类中在当今地球上分布区域最广泛的物种。
③ 大角猫头鹰,是美洲一种大型的猫头鹰,其"角"并非耳朵或真正的角,只是绒毛或羽毛。

音。红雀不甘示弱,一大早也唱了起来,好像已经到了五月似的。难道它们挥挥翅膀就能感觉到白日渐长,还是从猫头鹰那儿拾到了线索?

积雪渐渐融化,牧场也变得白一块棕一块的,像安德鲁·怀斯的画。解冻时间到了。雪融冰化,一切进行得悄无声息,却与猫头鹰的含糊低鸣异曲同工,分明都在歌颂春天。可接着便又下雪了。火炉里烧着木柴,烧成炭,化成灰,炉边的我蜷作一团,享用木柴带来的温暖,思索木柴的生死:生时,它年复一年地将阳光储存在自己的纤维里;可是,要庆贺这多年的收藏,它又必须在所谓的死亡里才能释放所有的温暖。生命就此熊熊燃烧,哪怕漫天风雪。

天气还是很快就暖和了起来,所以,虽然下着雪,树液也仍在向上流动——取暖的木柴后继有望喽。现在是采集枫液的最佳时机。上流的树液比日历更能昭示春天的来临。林中的住户都知道,枫树的"初液"才能制出最好的枫糖浆,而这"初液"得在天气还没暖和到使枫树冒出新芽时就要采。黄腹吸汁啄木鸟①们第一个等在了餐桌边。我已经没力气去采树液了,但我知道怎么在亲戚朋友面前装可怜,他们会去采,采了来送给我们。从树上采下没几天的糖浆是最美味的。有一次,我还联翩浮想出了一套理论——采下的树液无须加工就是上等的春季补品,因为它富含大地深处的矿物,精纯无污染,要是我喝得够多,可能到了90岁也还能偷二垒②。于是有一天,我大喝特喝,结果肚子"叽里咕噜"地让我直奔洗手间,那速度倒真够跑二垒③了。我们这片地区

---

① 黄腹吸汁啄木鸟,以昆虫、树液等为食。
② 偷垒(又称盗垒),棒球赛术语,指跑垒员在投手投球前或者投球时,提前离开原垒包成功占领前方垒包的动作。
③ 棒球比赛中,进攻方的击球员击出球后,必须尽快从本垒跑向一垒,再伺机推进至二垒、三垒、本垒。跑垒员如依序踏过一、二、三、本垒,中途未出局即可得分。

常用描写树液丰富的形容词"sappy"来做贬义词,形容人"愚蠢",难道这个词就是这么派生来的?反正,我又一次违背了古老的智慧:"凡事适可而止"。想到这儿,我就好奇,人类的基因是不是也能转一转,让他们吃啥喝啥都只能适可而止。也许,孟山都它老人家和圣诞老人一样,还真能带来好东西。

三月初,没见着什么大苏醒的动静,我却感受到了春天的气息。走着小道去取邮件,太阳明显比十二月暖和,尽管温度计上的温度还是没什么差别。踏上草坪,草皮也有了弹性,松松软软地告诉我,地里已经没了冰霜。莫非,温暖还能给我力量?现在的我,竟然可以一口气走到邮箱再走回家,还不感觉累。

树林中,白色的积雪一块接着一块消融,最后大地全变成了土壤的棕色,这一切光看着就让人舒心。我继续观察,等待着第一抹春绿。功夫不负有心人。谷仓庇护的几处角落,早熟禾的小叶子正沐浴阳光而生长。"咯咯"叫的鸡们也发现了它们,狼吞虎咽地啄了个遍。我蹒跚着走到牧场,看到羊群也在树林南面发现了新生的早熟禾。这使我想起牧草专家们错得有多离谱。他们瞧不上早熟禾,仅仅因为它在干旱的八月会休眠,就觉得用它来做牧草不赚钱。可现在,就在其他牧草和三叶草都还呼呼大睡的时候,早熟禾已经在给牲畜提供食物了,还不用我自个儿动手种。早熟禾是大自然慷慨的馈赠。

一天早饭时,卡罗发现林中有只奇特的鸟儿。她惊讶得大喘气,一把抓起了双筒望远镜。原来是只黑啄木鸟[1],"咚

---

[1] 此处指北美黑啄木鸟,身长约42厘米,体羽黑色,颈部有白色条纹,羽冠鲜红色,时常竖起。喜食钻进枯树的昆虫。春天时,雄鸟以快速敲打树枝来炫耀领地。

咚咚"地在一棵死了的鳞皮山核桃①树上啄个没完。它把树皮一条条地往下撕,露出了朽木。为了找虫吃,它又把朽木啄成了乒乓球大小的团团块块扔出来。这种特殊的生物,我们以前只见过一次,就在我们的小树林里,像乌鸦一样大。

又过了几天的一个早晨,我们发觉,有对条纹鹰②掠过树梢。凭借多年经验,我们知道,它们很快就要筑巢了。可这回,我们事先得到了它们从南方回来的消息。早在条纹鹰出现的前一天,乌鸦们就大声喧嚷了起来。乌鸦认为,自己有责任扰得老鹰不得安宁。如果你想举行一场有效的抗议大会,那就雇乌鸦吧。经过一个冬天,乌鸦们已经认定小树林归它们所有,而这些后来者正在摧毁它们的安全感。奇怪的是,归来的鹰却在空中飞得更高,对这些闹哄哄的示威者全然置若罔闻。

老鹰们一定特别饿,因为一只鹰甚至想从我们眼下把一只松鼠给抓去。我们目睹了整个滑稽的过程。那只鹰栖在落到地上的一根树枝上,忽然向身旁不远的松鼠猛扑了过去,可它的进攻有点儿敷衍。松鼠看上去都不害怕,若无其事地并脚跳开了大约十英尺远,然后一副很鄙视的表情坐在那儿"吱吱"地叫。我肯定,它说的全是松鼠家族最最尖酸刻薄的骂人话。这二位就这样来来回回把这套小动作重复折腾了好几遍,每次结果都一样。也许老鹰在做练习,等新生的小松鼠从窝里钻出来,它就能把它们给逮住。也有可能,老鹰只是在闹着玩儿。

三月带来的,还有一项我最爱干的活儿。过去大约一年时间里,我一边砍柴火一边把剩下不要的灌木收攒成堆,现在要把它们都烧掉。以前我觉得,周围留些灌木堆还不错,

---

① 鳞皮山核桃的树干上布满浅灰色松垮垮的长条状树皮。
② 条纹鹰(别名纹腹鹰、尖颊鹰),背部灰色,腹部具细窄的锈色横斑,眼睛红色。

可以保护野生动物。后来发觉,果真"不错",木堆准能为你招来兔子、土拨鼠、浣熊和负鼠到你的园子里撒野捣蛋。谁让它们都喜欢安全的灌木堆呢。既然我们身边大部分野生动物都已量多为患,那就不需要再保护它们了。而且,灌木堆也有自己的办法超标繁殖。

我专挑没风的那些天来烧灌木,这样火星或烧着的叶子就不会被吹到别的地方,引起不必要的大火。但是,有点儿细风也能帮着吹猛火势、引燃木堆。灌木堆周围的地都湿漉漉的,我用不着担心火会蔓延开去。我把报纸弯成卷,拿它们点燃灌木,然后,我就坐在一个倒扣的五加仑桶上,看火,做白日梦。长年跟着我的干草叉就放在手边,必要时就用它把火堆外近一些的枝条推进去。主干堆烧完,再把火堆边缘没烧到的"细枝末节"拨到炭火里。说不清为什么,每次干这活儿都会让我特别平静。我不用出什么力就能舒舒服服变暖和。出力的事,交给火就行。有时,随着枝条燃烧,水分蒸发,火堆会发出唱歌般的声响。猫咪们蹑手蹑脚地蹿到我身旁,学着盯着火焰,一心等着老鼠从火堆里跑出来。老鼠没等着,却有一只兔子蹦出来。猫头鹰、老鹰或者郊狼的晚餐就有着落了。就连绵羊也来周围转悠,嗅来嗅去的,这倒提醒了我,它们需要一捆新鲜的干草。最后,母鸡们也穿过树林寻了来,来了也不忘用爪子翻翻落叶找点儿什么小东西吃,完全忘了这还是早春。听到火焰的歌声,它们也欢快地唱了起来以示回应。这时,一阵"窸窸窣窣"的扑翅声突然消失在附近的树丛里,接着,那儿便传出了大合唱,"呱呱呱""咯咯咯",还有"呼哧呼哧"的哮鸣声以及尖锐嘹亮的啭鸣声,重叠交汇,无不向我通报,红翅黑鹂[①]从南方回来了。

---

① 红翅黑鹂(别名红肩黑鸟、红翅黑鸟或美洲红翼鸫),雄鸟翅膀上端羽毛橘红色连带小块白色,似大帅的红色肩章。雌鸟通体深褐色,无其他明显特征。

红翅黑鹂才真正标明了春季开始的第一天,比春分还要准确。它们让我想起了那种演唱时找不着调的合唱团(这样的合唱团当然不止一个)。合唱时,团里的每位歌手一唱开就热情洋溢得忘乎所以,从没发觉自己的音符与别人的不太协调。但是,由于团员们欢乐喜庆的表演整齐划一,他们的演唱听起来几乎就跟罗伯特·肖合唱团①的一样和谐。

四月,谷仓不见了。年年如此。谷仓和我们住的房屋之间有片小树林,林里的树抽新叶了,开始长得慢,月底就快了。树叶把谷仓一遮,再见到它就是秋天了。大苏醒现在是真来了。我们拿出锄头、割草机、耕作机和种子,各就各位。这样一旦土壤够干或者草够高,我们就能赶在邻居们前边有所行动。我们这是在践行美国文化。虽然田地和园子在月初时都还很潮湿,到处是水,但以过去的经验来说,土壤在下半月的某阵子,会变得干燥回暖,那时就能抓紧有利时机种早玉米了。种商品粮的农民把这稍纵即逝的"某阵子"叫做"机遇之窗"。我不是真得在那儿守着,等机遇打开它的宝贝窗户,我只要舒舒服服地靠在安乐椅上听就成。我们这片地区,只要动土的时机一到,地里四处都会响起大型拖拉机"隆隆"的轰鸣声。拖拉机之歌同二月的猫头鹰情歌一样,都属于春天的乐章。农夫们的自律让我很是诧异。他们有这么多地要种,本该比谁都下地心切才对,可他们还真沉得住气,不等到土地百分百就绪,绝不争先恐后跃出起跑门栅②。他们知道,要是过早翻耕我们的黏土,结果只会造成大规模的破坏,土壤板结不说,种子还不怎么发芽。我花了许多年才学会克制,即使在园子里也不猴急。现在上了年

---

① 罗伯特·肖合唱团(Robert Shaw Chorale),由罗伯特·肖(1927—1978)创办于1948年。这支专业的室乐合唱团在其二十年的经历中,曾于美国47个州和世界29个国家进行了广泛的巡回演出并录制了大量的唱片,名重一时。
② 赛马或赛狗时,马或狗起跑时打开的栅栏为起跑门栅。

纪,没了年轻时的爆发力,你会觉得,等待也变容易了,更何况我又知道,五月种的玉米总比其他时间的玉米好。卖玉米种子的售货员力荐四月种玉米,其实是想让农民朋友买更多的种子然后统统种上。

但是,我情不自禁。也许这是我生命的最后一季,我想赶在街坊四邻前头第一个种出玉米,带着玉米谢幕退场。去年种土豆的那片地就很适合播种,先前已经施了大量腐熟厩肥与堆肥,到四月二十三日也干得差不多了,至少前年长过土豆的那些田梗子顶上总够干了吧。也许我能赌一把,等玉米长出来,我就把马路那头的我的兄弟姐妹们甩在了后边,这还是我在这儿种地多年以来第一次呢。我可以锄地,把苗床耙得要多好有多好,每隔几分钟我还能在椅子上休息一下。管它呢!春天都来了,万事俱备。

可是播种后,连续三夜接近冰点的气温都要把种子发芽的渺小生机都要毁了。玉米粒从不在冰冷的泥土中发芽。噢不,还是有两粒发芽了。我又等了十天,期待更多的玉米芽探出头来窥视大地。毫无动静。我挖出种子一看,它们才刚刚有点儿膨胀就腐烂了。

现在,周围人人都把玉米种上了。我又多种了两行。为了省钱,我用的是旧种子,以前我也这样。可我的一个姐妹言语之间暗示我是笨蛋。于是我就慌了神,又新买了种子种上了两行。不过,第二次播下的旧种子我也还留在地里,就想看看结果咋样。毫无疑问,两种种子萌发新芽的长势都很好,因为现在的土壤已经够暖和,种子都好发芽。当初要是我耐住性子,等到种商品粮的农民们播种的时候再行动,我的玉米就会和他们的一样有两英寸高了,不像现在,才刚冒芽。以后就会有民间谚语这么说:"大拖拉机响,玉米播种忙。"

到了月底,花园里,牧场上,树林间,果园中,无处不是繁茂的景象,草木青翠欲滴,人们忙忙碌碌。卡罗也忙得不可开交。我拖着椅子,一拐一拐地跟在她身后。雨停的间隙,我们见缝插针地种了早豌豆,还把一些土豆、洋葱小鳞茎①和萝卜,还把生菜栽到了冷床②里。能照旧按自己喜欢的方式生活,我满是欢喜,而且,我没有停止学习。种土豆和豌豆的那两块地,上一年夏天就已经厚厚地铺上了陈年厩肥和树叶,现在,这层护根大部分都变成了上等的堆肥和腐殖质。我没在田里驾着耕作机推来推去,力气不太够。我只是轻轻地锄一锄或者耙一耙表层的土壤,然后就播种——这比推耕作机轻松多了。我在想,后现代技术会不会回归采用设计精良的手工工具而摆脱使用成本高昂、制作又复杂的机器呢?

春雨蛙③"唧唧"叫,它们一哼曲儿,鸟鸣合唱也要开始了。民间传说,雨蛙一叫,第二天就会下雨。又一个迷思④。小蛙蛙叫是因为它们喜欢。我们把一大株盆栽植物搬进地下室,一只春雨蛙就跟着进了屋。它喜欢音乐,只要古典乐,尤其是贝多芬的乐曲在收音机里一播,它就会跟着唱起自己的歌,才不管外边是什么天气。我们这儿地处中西部,每三天就会下雨,就算不下雨,雨也在路上,所以,用人类蹩脚的逻辑进行抽象思维的话,任何声响都能视作降雨预报。现在,这些小蛙蛙几乎每天都唱,唱唱停停,歇够了再接着唱。当然了,春天嘛,雨也差不多是下一天停一天。我觉得有必

---

① 鳞茎,是由多数鳞叶着生于短缩鳞茎盘上而形成的一种地下变态茎,可用于无性繁殖。
② 冷床(又名阳畦),是利用太阳光的热源,在一定范围内有围框及透光敷盖设备下,创设适宜苗木生长温度的一种苗床。由于没有人工加温设施,所以称冷床。
③ 春雨蛙,一种棕色树蛙,普遍分布在美国东部,早春时分发出尖锐的叫声。
④ "迷思",英语单词"myth"的音译,指通过口口相传而流传于世的十分古老的传说和故事,正因如此,没有记录或其他证据可以证明它们发生过。所有的文化都有迷思。

要仔细听听青蛙到底是咋叫的。它们相互聊着天,却没说会不会下雨。我就坐在平台那儿听。头上屋顶的排水檐沟里,一只蛙率先发话了。附近的橡树上随即传来了答话声。第三只蛙也赶紧从林地边缘的一棵山核桃树上加入了讨论。不一会儿,整个树丛都炸开了锅似的爆发出欢呼声,青蛙们放开嗓门呐喊的那股热乎劲儿,丝毫不输给观看职棒联盟①球赛的粉丝。如此巨响竟出自这般小小生物,实乃奇观。

雨蛙开唱没多久,蟾蜍就推开土钻了出来。它们在林地下的土壤里睡过了冬天,现在要启程赶赴牧场池塘,那是它们出生的地方。书上说,它们每年都会回出生地。它们有记忆。它们的脑袋瓜可不像人类想象的那样迟钝,虽然它们不写书也不竞选公职,它们也不笨。这样丑陋的家伙竟有一副好歌喉,又是一个奇观。我也开始每天去池塘一趟,可最近的池塘却显得毫无生气,也许是受冰雪覆盖的缘故。蟾蜍们不纵情于声则纵情于色。两只,三只,或者四只,一只趴在另一只的背上,互相抱合。我猜,它们享受得很,心醉神迷。难道是这般迷醉的兴奋感觉催生了音乐?这不就和人类差不多吗?

红枫开花了。红翅黑鹂正好在那儿,为它们喝彩加油。不久,我们就听到了歌雀的鸣叫。在我听来,人类的歌喉永远都无法唱出那样美妙的乐曲②。第一茬野花慢慢长了起来,仿佛从地里渗出来似的。雪花莲也开了,比刚覆盖过它们的积雪还要洁白。随之而来的是冬乌头,给单调的草地画上了一块块明黄。蒲公英才刚长出花蕾,它们的嫩叶能拌出

---

① 此处指美国职业棒球大联盟(Major League Baseball),是美国最著名的职业棒球联赛。

② 歌雀能唱出十种不同的调子,每种调子都从重复相同的音符开始并反复三次,紧接着是一阵颤声,整首歌听起来很有节奏,非常生动。

可口的沙拉。现在,我要找羊肚菌①。我琢磨着,树林里有这么多被花曲柳窄吉丁杀死的白蜡树,它们的"尸首"底下一定长了许多这种美味的真菌,我赚大喽。想得美!老前辈们说,树根还要再腐烂一年才会长出菌类。这让我又一次想到,一种生命的腐坏并不意味着死亡,它是生命以另一种形式在重生。

天气回暖,水仙、麝香兰、圆叶风铃草、獐耳细辛以及兜状荷包牡丹②,纷纷争相吐妍,一下子竟把花都开好了,真是神奇。早些年,我们种了点小植物,如今,它们的生长繁殖都完全不用我们插手,非要说帮忙的话,我们也顶多是帮着学懒一些,它们不成熟,我们就不除草。我在杂志上读到的一篇文章竟抱怨起水仙来,说它们正变成农场上的入侵植物!有些我们没种的品种,比如小银莲③和野老鹳草,也全是自己冒出来的。我以为,我们都失去小银莲好一阵了,今年却发现,树林里的小路边又长了那么一小片。早几年,它的堂亲林地银莲花也自己来到了树林里,但是后来又失踪了。野花们来来去去的,把我都弄糊涂了。植物学家们说,野花的种子能在地里躺上若干年,时机成熟,它们就会生根发芽。可白色紫罗兰(书上把它们叫"加拿大紫罗兰")的事又该如何解释?它们突然就在后院里长了起来,还长得遍地都是。莫非它们是从加拿大一路南下而来,还是乘着精灵的翅膀飞行至此?里边的道理即使无关植物,也富含哲理,而且似乎还很明晰。大地不是埋葬尸体的墓地,而是一间等候室,所有生命都在这儿重整旗鼓,蓄势再发。

---

① 羊肚菌(又称羊肚菜、羊蘑等),上部呈褶皱网状,既像个蜂巢,也像个羊肚儿,因而得名。此菌是子囊菌中最著名的美味食用菌,也是珍贵的药用菌。
② 兜状荷包牡丹,花白色、尖端黄色,著生于花枝上,随风摇曳,颇似倒挂著的荷兰人的马裤,故俗名"荷兰人灯笼裤"。
③ 小银莲(又名唐松草叶银莲花),蔓延的速度很快。

今年还有一件令人激动的事。之前媒体反复报道蜜蜂会死光光的坏消息,可我们又见到了它们!等你也老得没有未来的时候,你会比之前更厉害,一眼就能看出哪些人在疑神疑鬼。尽管和人类一样饱受疾病与化学污染之苦,蜜蜂们却没能得到人类相助,而是在一个野蜂巢里熬过了一冬。后来,卡罗找到了它们的藏身之处。我感觉与它们特别亲近。可能蜜蜂也有它们自己的癌症,它们也要抗癌。冬乌头开花的第一天,它们就来到花丛间"嗡"来"嗡"去。早些时候的一个暖日,我要用链锯锯一棵大树,因为它倒下来横在了路间,挡住了去谷仓的路。蜜蜂也全都来凑热闹,它们要舔浸透了树液的锯末。

春天姗姗来迟,四月还来不及展示其鼎盛风姿就被更加壮丽的五月压过了风头。就我而言,一年里最精彩的便是五月——第一周有大黄蛋奶糕饼,最后一周又有草莓和奶油。山谷中的百合给五月送来了第一张名片,轻扬的芬芳从餐厅窗外的田野飘进了屋。五月要结束,我照样闻得出——野葡萄花的清香沁入心脾,别的花香可没这么怡人。整个五月,姹紫嫣红,我喜不自胜。这么多年,我不仅养花种草,还收留野生植物,现在,换作它们为我盛大收场,我很享受。我知道,来年还会有这场绚烂多彩的演出,只是不知道,那时我还在不在。

白花延龄草战胜了自我,我又从它们身上学到一课。一些地方已经把这种野花列作了濒危物种,所以,我想把我们的小树林变成一个能永远保护它们的地方。它们的白花很大,不像野花,更像是家花。在林子里的处女地里种白花延龄草并不难,只是它们长起来很慢。我在三处地方分别种下了一株白花延龄草,十年过去,它们却没什么增殖的迹象。可就在它们开始蔓延的时候,鹿发现了它们(怪就怪在,同是延龄草,长在附近的无柄延龄草却不招惹鹿群)。夜里,我把一只五加仑的桶罩在最好的一株白花延龄草上才把它救下。卡罗也在其他的植株上喷了些能把鹿赶走的液体。可能这东西还真有效，但是那些没喷的植株，听天由命，竟也一样欣欣向荣。许多小幼苗开始出现了，就在最初那三株草的周围。这个春天，很多"草二代"都开花了。去年被鹿啃掉顶梢的第一批植株也开花了，每株六朵。可是，大自然的韧劲儿又让我犯迷糊了。怎么到了今年，鹿就不大去骚扰它们了呢？三处种植点，每处都至少有十株草开花呢。此外，白花延龄草还在蔓延，到处都有它们的子孙在向外冒，多得不得了。这种稀有的濒危物种扩散起来就跟加拿大蓟①一样！

我从其他地方了解到，林地里的鹿太多会把整片林地的野花全糟蹋光。我们这儿的鹿显然还没多到那个程度。经常会有三五头鹿闲荡着经过我们的园子和房屋。它们几乎啥都啃，果树叶，甚至讨厌的野蔷薇、加拿大蓟还有酸模②。它们全都小口小口地啃个没完，似乎是要对之前没能在我们这儿偷吃到上好的叶子做一番补偿。它们简直想尝遍百草，连番茄叶子也要试一试，但它们还真是"浅尝辄止"，每种就吃那么一点儿，不过也许玉簪花是个例外。它们以前曾对本地原产的耧斗菜大啃特啃，都快啃没了，而现在，这种野花也遍地都是。

野花蔓延之迅速令人惊叹。最初几年，它们基本没太大

---

① 加拿大蓟（又名丝路蓟或田蓟），在很多地区是严重的入侵物种。虽然它在北美洲一般被称为加拿大蓟，但是它并非来自加拿大。
② 酸模，俗名野菠菜。

动静,可是过后,哪儿都有新生的花株。雅各的梯子①从几棵植株的范围延展成了半径为二十英尺的一块地。水叶犹如病毒一般扩散,我都害怕它会变成惹人烦的杂草。可它这么漂亮。原本我对血根草②发芽已经快不抱期望了,因为我在几年前种下的那两株血根草死得连影子都找不着了。今年,草坪上那棵高大的白橡树底下居然开出了三朵这种宝贵的花。能发现它们还真是幸运,因为血根草的花通常只开一两天,要是没有花,我都不会留意到它们的叶子。不过,它们是从哪里来的呢?我记得自己没在那儿种过一株血根草。要我说,准是林中精灵种的。有科学也许是不错,但是有魔法便足够了。

五月前我们都不太能修剪草坪,所以房子周围的草地已经长了厚厚的一层金色的蒲公英③和紫色的紫罗兰,美得我们都不想除草了。修剪整齐的绿草皮也很美,毋庸置疑,在许多情况下还不可或缺。假如我们真的一点儿草也不除,实生树④就会蹦出来,两年之内就能长到四英尺那么高。这可是经验之谈。有时我们觉得,大自然是一个绿色的怪物,要是我们不反抗,它随时都能把我们吞掉。

但是,如同对人世间所有的好东西那样,我们对修剪草

---

① 雅各的梯子(Jacob's ladder),典出《圣经·创世记》。雅各又名以色列,是希伯来人的祖先。雅各出了别是巴,向哈兰走去,途中因为太阳落了,就在那儿拾起一块石头枕在头下躺卧。他梦见一个梯子立在地上,梯子的头顶着天,有神的使者在梯子上,上去下来。上帝耶和华站在梯子上,说:"……我要将你现在所躺卧之地赐给你和你的后裔。你的后裔必像地上的尘沙那样多,必向东西南北开展……"
② 此花因折断或打碎根状茎时会流出似血液的红色汁液而得名血根草,它的花朵其实为雪白色。
③ 药用蒲公英因其繁殖能力强而在世界各地均被视为野草。
④ 实生树,是通过种子(有性)繁殖长成的树,而很多植物是借助嫁接、扦插等无性繁殖手段长成。实生树抗性强,生长旺盛,但是种质易退化,而嫁接、扦插的树木能很好保留品种的优良特性。果树通常都是在实生树上嫁接优良品种的枝条来实现改良的。

坪爱过了头。在美国,草坪的占地面积比商品粮的大,它还是事实上的头号灌溉"作物"。每年,我们会为超过四千万英亩的草皮支出三百亿美元。同样是喷洒农药,那些私房屋主给每英亩草坪用的量是农民给每英亩庄稼用的十倍。而那些住在郊区的私房主却装模作样地指责农民,怪他们污染了水源。真是贼喊捉贼,还有比他们更厚颜无耻的虚伪之徒吗?为了修整草坪,我们得烧八亿加仑油,统计学家还说,我们每年光是给割草器械加油都能白白泼掉一千七百万加仑。果真如此,我们都超过埃克森·瓦尔迪兹号①了,它才漏一千万加仑油而已。这一笔笔开支花得都很冤枉;那些修剪后大多被丢弃的"废"草其实都是"宝"。世界人口不断增长,很大一部分人因为粮食不够而饿得半死。而那些草,却能为人类产出不知多少蛋、奶、肉和粪肥。

拥护者们说,草坪比空调更能调节住区的空气。它们当然会比私家车道和停车场更能吸收雨水。它们还有许多别的好处呢。但是新报道又说,草坪下的平均土壤温度比农田土壤温度高;它们这种温度高的土壤比玉米地向大气排放的二氧化碳还要多。噢!多么卑鄙的攻击,屎盆子都扣到最神圣的圣牛②头上了。我们的草坪都可能正在引起气候变化。

东菲比霸鹟又在谷仓的房梁上筑巢了。它们很会选地方,安家的位置总能让猫咪们"望巢兴叹"。可是这些小鸟

---

① 1989年3月24日油轮埃克森·瓦尔迪兹号搁浅,26.7万桶共1100万加仑的油泄入阿拉斯加威廉王子海峡,造成美国有史以来最严重的漏油事件,也是世界上代价最昂贵的海事事故。事故发生地本是一个风景如画的地方,而原油流入海湾,污染了2000千米长的海岸,导致上百万鱼、海鸟和其他动物的死亡。今天该灾难的遗迹表面上虽看不出来,但当地的动植物依然未完全恢复。

② 印度是世界上养牛最多的国家,也是对牛最崇拜的国家,大部分印度人信奉印度教,认为牛是繁殖后代的象征,维持着人们生存的基本来源,所以印度教徒对牛,特别是对母牛非常崇敬,视母牛为"圣牛"。此处,作者借"圣牛"(Sacred Cow)的内涵喻指草坪神圣不可侵犯。

儿怎么就知道选了个好地方呢？我可以站在鸟巢下，它离我也就勉强三英尺，鸟妈妈也不动，除非我突然做个什么动作或者发出个声音。原来它还知道，我不会伤害它。

　　蓝鸲落在靠近喂鸟器的平台栏杆上，有时也会栖在附近的橡树枝上。它们不是在找葵花籽，据我观察，它们从不吃那玩意儿，吸引它们注目凝视的是草坪。只见它们忽然冲到地上，抓起一只小虫就往不远的一棵山核桃树飞。那棵树快死了，但是树上有个洞，它们已经在那儿筑起了巢。先前，五子雀和椋鸟也看中了那个树洞。我们借着双筒望远镜观看了它们解决"地产纠纷"的过程。我不敢肯定为啥蓝鸲就赢得了这场争夺，但我觉得，它们是借用了鹪鹩的小把戏。我们总在平台底下挂一个空葫芦，鹪鹩竟把它给占了去。它们用小嫩枝把空葫芦填得满满的，这样一来，只有它们才能扭摆着身子钻到最深处，顺理成章地把蛋产在了那儿。蓝鸲对抢夺树洞为巢的敌人耍的一定就是这种小把戏。吃一堑长一智的五子雀学会了照葫芦画瓢，成功把附近一棵黑栎的树洞变成了自己的新居。就剩椋鸟冥顽不灵，屡屡来犯也没抢过五子雀。

　　现在已经是五月了，从南方越冬归来的鸟儿们让我们摸不着头脑。首先是蜂鸟。这些小家伙不仅能识别路途千里迢迢地飞回来，还知道需以娇小的身姿飞到窗边"扑扑扑"地拍一拍，提醒我们是时候把糖水喂食器挂出去了。它们是如何做到的呢？这些小小鸟的小脑袋瓜[①]还真知道事儿。它们和蟾蜍一样也有记忆。每年春天，蜂鸟都用这种方式和我们沟通。我们把喂食器挂好了，它们也不拍窗户了。我不得不暗自思忖，所谓的没有理性思维能力的动物，比我们飞得高，比我们跑得快，比我们嗅觉灵敏，比我们眼光犀利，就

---

　　① 蜂鸟都是小鸟，有的极小。蜂鸟的大脑最多只有一粒米大小，但它们的记忆能力却相当惊人。

连远处的轻微动静也比我们听得清晰。从我们住的房屋出发到谷仓,是将近一个足球场的距离。每当我要去谷仓的时候,这边我刚关家门,那边羊就听到了声音,马上开始"咩咩"叫。既然所有的知识大概都先从感觉官能获得,那么是否有这个可能:人类以外的动物所拥有的知识、检索到的信息以及积累的经验都更为精炼,而这一切,"理性"人类连想都想不到,更别说还能实现。

其次是巴尔的摩鹂,或者叫橙腹拟黄鹂,只要是柑橘科的果子,它们都爱吃。再来便是猩红比蓝雀,我们总能在树林里看到它们,它们专挑大树落脚,但从不攀高枝,非低枝不落;接着,褐弯嘴嘲鸫来了,它们不停挑战嘲鸫①,想跟高手赛一赛谁更善于模仿,可怎么也赢不了。后来,周围大树的树冠全都"嘤嘤嗡嗡"地响了起来,那是迁徙的鸣鸟儿陆续报到了。假如不用双筒望远镜,我们都看不见它们。这些鸣鸟多半名不副实,因为它们的歌唱得不太好,但是,它们的色彩斑驳陆离,堪称惊艳。我都不敢相信,自己和大自然同呼吸共命运地度过了半生,现在才知道,我们五月的树林满是会飞的宝石。

微风和煦,鸟啼婉转,花香馥郁,色彩缤纷。五月的美与五月的生命是如此让人难以抗拒,我的所有感官都被它们重重包围。我要伸出双臂拥抱它们,将它们紧紧揽入怀中。我要高声喊:"停!"我要五月就此驻足,永不离开。可是,我现在明白了,正因大自然日月兼程,瞬息万变,五月才会再来。也正因变化永恒,永恒才不变,永恒寓于变化间。平静吧!狂躁的人类。若想参悟永生,必先接纳死亡。一株水仙伏落,我站着看了许久。曾经亭亭玉立的水仙,如今只剩残躯平铺于地,叶子由翠绿变成乳白,再由乳白变成棕褐,花茎在

---

① 嘲鸫以善于模仿而闻名,反复唱过一支悦耳的曲子后会换一支曲子接着唱,每首曲子里,都有许多音调是从别处模仿得来。

阳光下主要呈金黄色。这植物,对三月的霜冻不肯妥协,使我大受鼓舞;又在四月吐露花蕾,嘲笑春寒大势已去;就连现在这般奄奄一息地舒展在地上,也自有一番楚楚可怜的美丽。不过也只有我在那儿可怜来可怜去的。水仙不是死,它只是同往年一样,岁岁回归大地,来年再为四月装扮。

每年如约而至的,还有我的"完美日",有时在五月底,更多是在六月初,今年就是六月四日。要成为"完美日",必须达到严格的标准。六月四日这天,天气暖得刚刚好,少一分嫌凉,多一分嫌热。太阳也出来了,不过,这是雨后的太阳,头一天的那阵好雨恰巧才将大地润透。园地和田野都已郁郁葱葱。我们正好可以赶着除草。鸢尾地上鲜花怒放。蚊子、鹿蝇和汗蜂还没开始成群乱飞。我没有要去的远方。草坪都已修剪完毕,再不会有发动机喧闹着撕扯我的耳朵。但还有一个必不可少的要件,我得等到晚上,那个至关重要的细节,"完美日"才实至名归。夜幕降临,万籁俱静,风也躲好了,只剩树林里的树筛着斜阳。接着,"完美日"的点睛之笔来了:清透的林鸫之歌穿过低枝,在林间回响,清澈纯净。

六月,我开始留心靛蓝彩鹀。同自然界的大多数生物一样,这些深蓝色的小鸟可能会非常靠近人类的房屋,而我们却没注意到它们。直到它们在架菜豆间筑了巢,也就是到了我们眼皮子底下,我才意识到它们来到了这里避暑。今年六月,我坐在豆架边的椅子上休息,豆藤刚开始爬豆杆。来了一只靛蓝彩鹀,轻快地在豆杆间飞来飞去,好像在勘察地形。莫非它知道这些豆藤日后会长成遮掩鸟巢的好屏障,还是仅仅凑巧罢了?

整个六月,大自然生长的步伐只稍微放慢了一丁点儿,但却十分惹人注意。大苏醒接近尾声了。平台旁边的那棵大果栎上,一只捕蝇鸟在滑稽搞怪,我充当了它的观众。每个漫长的午后,它都落在一根大树枝上乘凉,偶尔冲出来逮虫子。又或许它觉得烦了,因为有一次它冲出来捉到的是一片往下落的树叶。还有一次,它俘获了一只相当大的昆虫,回到树枝上又把它放了,放了之后又再去追赶它。

梓树的白花开得太密,把它们奇形怪状的大叶子都快藏了起来。白花凋落时,又如白雪覆盖大地。我刻意不去看。我不愿想起白雪。牧场上的蓝眼草小巧秀丽,只是来去太匆匆,一不留神,我就将它们错过。它们是最后来到春天的野花,也许有人不同意,但我就是这么想的。大自然里没有"最后"和"第一"之说,只有一个连续体。时间是人类抽象思维的属性。

草莓最后绝产了。新品种似乎不太好吃,我们就想种以前的老品种。我们以为自己种的是参议员邓拉普①,就买了些这种苗子回来栽,可结出的草莓和我们第一次买的却不大一样,搞得我们也弄不清之前种的是哪种了,只知道那个品种要好很多,所以后来我就一直种它。草莓品种不像经常听说的那样会"断种"。不管是何种草莓,想让它们后继有莓,就得每年或者每隔一年另起炉灶——上一年栽培的草莓会长出能扎根的匍匐茎②,把它们当作草莓苗移栽到另一块地上就能解决繁育问题,只是,别栽得太稠密。

六月的豌豆和新鲜土豆让我们的味蕾享受到了加冕般的至高荣耀。简单用水煮一煮,它们就成了餐桌上的两道佳肴,再有钱的亿万富翁,或是消费水平再高的异国餐馆,都弄不来这样好吃的蔬菜。我们把它们在四月底的同一天种下

---

① 草莓品种"Senator Dunlap"。
② 草莓的匍匐茎由当年生短缩新茎叶腋处发生。草莓腋芽初生时向上生长,接近叶面高度时开始平卧地面延伸,形成细长柔软的匍匐茎。匍匐茎从母体向四周蔓延,伸长到一定长度后形成一个个节点,各奇数节只具苞叶,各偶数节向上生长正常叶和腋芽,向下生长不定根,伸入土壤,成为匍匐茎苗,与植株分离后,即可成为新的植株,以供繁殖。

地,六月中就能收来吃。当然,这时土豆还很小个儿,大概只有乒乓球那么大。我们瞅准最先开花的土豆苗,把手伸进它们厚厚的树叶护根,在腐殖土里摸了半天才碰到了小土豆。我们在几个土墩里挖了一些土豆就不挖了,这样大部分土豆到了真正收获的时间就能长成大个头。它们可是小土山里的黄金矿。

相较而言,收豌豆就枯燥些了,因为要剥豆荚。很多人选择种那种能连荚带豆一块儿吃的软荚种,但我们还是极偏爱要剥豆荚的豌豆,尽管收起来会麻烦些。趁早采收很重要,豆荚还嫩的时候就得开始收了,这时豌豆籽粒还没把豆荚胀得硬鼓鼓的。剥豆荚让我想起了母亲。她总让我们这些孩子围绕在她身边,就像鸡妈妈带着小鸡一样。我们坐在树荫下,满头的汗都快流到眼睛里了,六月的微风却替我们轻轻地将它们吹干。母亲讲着过去的故事,原来汽车时代之前的生活才令人陶醉。我们一边听故事,一边心满意足地剥豆荚。母亲说,她小时候和我们的舅舅一起藏在玉米地里往马路上扔烂西瓜,想吓吓过路的马匹和马车夫,结果闯了大祸。我也想了个办法让孩子们忙着剥豆荚,不过,我不讲故事,我悬赏:孙子孙女每剥出一个长了十一粒或者更多粒豌豆的豆荚,我就奖励他们一美元。我们种的是绿箭,这种豌豆偶尔会结出这样的长豆荚。

六月刚好是春末,我把羊都给卖了,迫不得已——我再没精力好好照顾它们了。将它们装车送走的头天晚上,我把它们关在谷仓里。第二天早晨,我从剩下的干草里选了捆最好的喂它们。爬进干草堆的时候,那些牧羊岁月竟化作电影胶片在我的记忆里滚动播放,过往的一切历历在目。多少次,我把干草推到它们的食槽里,然后站在舒适的黑暗中,听它们"哞哞哞哞"地大口咀嚼,吃得身心欢畅。还有那些美好的回忆——孩子们和小羊羔在牧场上蹦蹦跳跳,陪伴他们左右的,是一个找到了人间天堂的幸运儿。我深深地爱着这一切,从来不觉得它们会离我而去,然而此时此刻,我却终于明白,这一切真地要结束了,千真万确。爬上干草堆,往下扔干草,曾经再熟悉不过的事,因为是最后一次做而让我难以承受。但这是我独自哭泣的秘密角落啊,我索性让眼泪流个够。买主都是住得不远的牧羊人,所以我不必看着它们被拉到牲畜市场去,说不定,我还能时不时去看望看望它们。整整两天,我都沉湎于自怜自哀;我怀疑自己写的这些事关非死的东西可能全是狗屁废话。但是,那些让我痛彻心扉的甜蜜回忆很快又抚平了我的伤口,把我治愈。眼泪止住了,思考过程堆积成肥,化作记忆滋润心田。只要有人不忘回想,只要书籍里或者"云"里的文字完好无损,记忆便永不会死。

夏至来临,大苏醒结束。我仍听到羊群"咩咩"地哀叫,那时我正将它们赶进一片新鲜的牧草地。我仍听到自己对它们的呼唤,那时它们正恍若幽灵般朝大门奔来。我甚至仍然听到表兄艾德里安在这些山岗上呼喊他的羊群。七十五年都过去了,他的声音却好似在昨日听到的那样清晰。只要有记忆,就连羊也能不朽。

可是,我们没有时间悲伤地回顾过去,仲夏的光辉已经在照耀我们,它就像从菜园里才摘下五分钟的玉米棒,新鲜香脆,又像和蹄膀火腿一块小火慢炖的肯塔基奇迹①架豆,软烂醇厚。待金秋降临,生命便逐渐落归大地,孕育新春。冬日则更为深沉,新一年的大苏醒有了若干迹象它才露面。死亡只是人脑中的海市蜃楼,所以,我面前的未来是一个并不存在的幻想,对着它,我唱起自己最爱的歌。在歌词最深的内涵里,我会与你再相见——我们都会再次见到彼此——每当春天再出现。

---

① 架菜豆品种的名称。

# 致　谢

我要感谢切尔西绿色出版社的出版商马戈·鲍德温,以及出版社所有为这本书的面世而辛勤工作的人员,特别是本·沃森、布里安娜·古德斯皮德、比尔·博克曼恩、梅利莎·雅各布森、劳拉·乔斯塔德和海伦·瓦尔登。

同样要感谢的还有在过去两年里为我悉心治疗、让我能够健康地坚持写作的医生和护士,特别是拜伦·莫拉莱斯医生、罗伯特·迪安医生、彼得·马佐内医生、苏迪什·默西医生、克里特·米塔尔医生、约瑟夫·卡奇奥内医生,以及许多优秀的护士,尤其是艾米、坎迪和苏珊。

本书第四章《母亲坟头的双领鸻》和第七章《猫咪乔吉》首发于1977年出版的《聆听大地:农场期刊精选集》(*Listen to the Land: A Farm Journal Treasury*),此次收录书中略有修改。《农场期刊》的那些老朋友都去世很多年了,但我仍要感谢他们,是他们开启了我的写作生涯,并且总是大方地允许我将早期刊登过的文章收录于之后的书籍与杂志。

最后,我要感谢我亲爱的人生伴侣妻子卡罗、女儿珍妮与女婿乔、儿子杰瑞与儿媳吉尔以及此书特别要献给的孙子埃文·罗格斯登、亚历克斯·罗格斯登和外孙女丽贝卡·卡特隆。毋庸赘言,没有他们的爱与奉献,我只会是流金岁月里的一粒尘埃。

# 附　录
# 译名对照表

## 序

1. Twitter 推特
2. winter aconite 冬乌头

## 第一章

1. Warpole Creek 沃泊尔溪
2. Wyandot 怀安多特
3. Rall 罗尔
4. St. James Run 圣詹姆斯溪
5. Ohio 俄亥俄州
6. Mound Builders 筑丘人
7. Delaware 特拉华州
8. Minnesota 明尼苏达州
9. Indiana 印第安纳州
10. Pennsylvania 宾夕法尼亚州
11. Rip Van Winkle 瑞普·凡·温克尔
12. Rall Field 罗尔起降场
13. Higgs boson 希格斯玻色子
14. Higgs field 希格斯场
15. Phoenix Cluster 凤凰星团
16. *The Meaning of It All*《万物之义》

## 第二章

1. Carol 卡罗
2. iris 鸢尾

3. amaryllis 朱顶红

4. coyote 郊狼

5. black raspberry 黑树莓

6. chickweed 繁缕

7. sow thistle 苦苣菜

8. dandelion 蒲公英

9. dill 莳萝

10. bluegrass 早熟禾

11. bedstraw 猪殃殃

12. ash 白蜡

13. walnut 胡桃

14. Arbor Day 植树节

15. emerald ash borer 花曲柳窄吉丁

16. elm beetle 榆小蠹

17. honeybee 蜜蜂

18. bumblebee 熊蜂

19. orchard mason bee 果园壁峰

20. Territorial Seed Company 大地种子公司

21. red admiral butterfly 红纹丽蛱蝶

22. hop 葎草

23. nettle 荨麻

24. virescentgreen metallic bee 淡绿金属蜂

25. augochloragreen metallic bee 深绿金属蜂

26. *The Audubon Society Field Guide to Insects and Spiders*《奥杜邦学会野外指南：昆虫与蜘蛛》

27. silver-spotted skipper 银星弄蝶

28. zinnia 百日菊

29. blue bottle fly 反吐丽蝇

30. horsefly 马蝇

31. mud dauber 泥蜂

32. bald-faced hornet 白斑脸胡蜂

33. E. O. Wilson 爱德华·奥斯本·威尔森

34. *The New Yorker*《纽约客》

35. Republican 共和党人

36. Corriedale 考力代羊

37. violet 紫罗兰

## 第三章

1. katydid 蝈蝈

2. cicada 知了

3. Hitler 希特勒

4. Martha Peabody 玛莎·皮博迪

5. George Smith 乔治·史密斯

6. Joey Kudz 乔伊·库兹

7. Mary 马利亚

8. Mary Francis 玛丽·弗朗西斯

## 第四章

1. killdeer 双领鸻

2. Tillie 蒂莉

3. Ed Hesse 埃德·海塞

4. Gene 吉恩

5. Rosy 罗伊

6. Philadelphia 费城

7. Chicago 芝加哥

8. St. Louis 圣路易斯

**第五章**

1. Wendell Berry 温德尔·贝里

2. Oak Hill cemetery 橡树山公墓

3. hemlock 铁杉

4. white-winged crossbill 白翅交嘴雀

5. Michelangelo 米开朗基罗

6. David 大卫

7. David Harpster 大卫·哈普斯特

8. "*Bury Me Out on the Lone Prairie*"《请将我埋在孤单大草原》

9. Cynthia Beal 辛西娅·比尔

10. Natural Burial Company 自然葬礼公司

11. Oregon State University 俄勒冈州立大学

12. Bible Belt 圣经地带

13. Pope Formosus 教皇福尔摩苏斯

14. Vatican 梵蒂冈

15. the Tiber 台伯河

16. Cadaver Synod 僵尸会议

17. St. Peter's Basilica 圣彼得大教堂

18. pinecone 松果

19. bittersweet 苦甜藤

**第六章**

1. Methuselah gene 玛土撒拉基因

2. ANKH 安卡

3. flatworm 扁虫

4. Dmitry Itskov 德米特里·伊茨科夫

5. Medicare 医疗保障制度

6. Ponce de León 庞塞·德莱昂

7. Native American 美洲原住民

8. Space Age 太空时代

9. touchdown 达阵

10. *Farm Journal*《农场期刊》

## 第七章

1. Georgie 乔吉

2. Jerry 杰瑞

3. Frisky 福瑞斯基

## 第八章

1. climax vegetation 顶极植被

2. clover 三叶草

3. buffalo（美国）野牛

4. prairie grass 北美雀麦

5. fescue 羊茅

6. thorn 荆棘

7. thistle 蒺藜

8. poison ivy 毒葛

9. ragweed 豚草

10. King James Version of the Bible 钦定版《圣经》

## 第九章

1. pigweed 猪草

2. Monsanto 孟山都

3. Evangelicalism 福音主义

4. redroot 红根

5. amaranth 野苋

6. Amaranthus retroflexus 反枝苋

7. A. hybridus 绿穗苋

8. Palmer amaranth 长芒苋

9. glyphosate herbicides 草甘膦除草剂

10. Illinois 伊利诺伊州

11. Bayer CropScience 拜耳作物科学公司

12. Aztec 阿兹特克人

13. alegria 阿兰格里

14. Bob Rodale 鲍勃·罗代尔

15. Rodale Institute 罗代尔研究所

16. Rodale Press 罗代尔出版社

17. *Soylent Green*《超世纪谍杀案》

18. lamb's-quarter 灰菜

19. Chenopodium album 藜

20. Chicago Board of Trade 芝加哥商品交易所

21. kudzu 野葛

22. Johnny's 约翰尼公司

23. Seeds of Change 变种目录


## 第十章

1. Amish 阿米什

2. David Foster Wallace 大卫·福斯特·华莱士

3. Larissa MacFarquhar 拉丽莎·麦克法夸尔

4. Aaron Swartz 亚伦·斯沃茨

5. Francis of Assisi 亚西西的方济各

6. chickadee 黑顶山雀

7. nuthatch 五子雀

8. wood thrush 林鸫

9. meadowlark 草地鹨

10. song sparrow 歌雀

## 第十一章

1. Harrison 哈里森
2. Chelsea Green 切尔西绿色出版社
3. Janisse Ray 贾尼西·雷
4. *The Seed Underground*《地下的种子》
5. bulb 球茎
6. pine 松树
7. Dick 迪克
8. Isabel 伊莎贝尔
9. Thomas Aquinas 托马斯·阿奎那
10. *Summa Theologica*《神学大全》
11. North Wales 北威尔士
12. Gwynedd Valley 格温内德谷
13. Springhouse 泉水屋

## 第十二章

1. Sandusky River 桑达斯基河
2. Krakatoa 喀拉喀托
3. Noah's Ark 诺亚方舟
4. Kentucky 肯塔基州
5. Hiroshima 广岛
6. ginkgo 银杏
7. Washington 华盛顿
8. St. Helens 圣海伦火山
9. Jane Goodall 简·古多尔
10. Gail Hudson 盖尔·哈德森
11. *Seeds of Hope*《希望的种子》
12. World Trade Center 世界贸易中心
13. Callery pear 豆梨

14. *The New York Times Magazine*《纽约时报杂志》

15. "*Forever and Ever*"《永远永远》

16. Nathaniel Rich 纳撒尼尔·里奇

17. Shin Kubota 新久保田

18. white-tailed deer 白尾鹿

19. otter 水獭

20. wild turkey 野火鸡

21. beaver 海狸

22. black bear 黑熊

23. bobcat 山猫

24. asparagus 芦笋

25. juglone 胡桃醌

26. sycamore 悬铃木

27. Upper Sandusky 上桑达斯基

28. the Mississippi 密西西比河

29. Roundup 农达

30. multiflora rose 野蔷薇

31. Gypsy moth 舞毒蛾

32. Dutch elm disease 荷兰榆树病

33. American elm 美国榆

34. The USDA Forest Service 美国农业部林务局

35. bark beetle 小蠹

36. Eric Toensmeier 埃里克·托恩斯迈耶

37. *Paradise Lot*《天堂般的沃土》

38. oak 橡树

39. white oak 白橡

40. burr oak 大果栎

41. black oak 黑栎

42. pin oak 针栎

43. red oak 红橡

44. chipmunk 花鼠

45. blue jay 冠蓝鸦

46. wild turkey 野火鸡

47. white clover 白三叶

## 第十三章

1. parsnip 欧洲防风

2. Peter Henderson 皮特·亨德森

3. *Gardening for Profit*《园艺好赚钱》

4. John McMahan 约翰·麦克马汉

5. *Farmer John Outdoors*《农夫约翰在户外》

6. turnip 芜青

7. furanocoumarin 香豆素

## 第十四章

1. Matilda 玛蒂尔达

2. Petunia 佩图尼亚

3. buzzard 秃鹫

4. Henry 亨利

## 第十五章

1. turkey vulture 火鸡秃鹰

2. Cathartes aura 红头美洲鹫

3. Thunderbird 雷鸟

4. robin 旅鸫

5. Komodo Island 科莫多岛

6. Tasmania 塔斯马尼亚

7. Andrew Wyeth 安德鲁·怀斯

8. *Soaring*《翱翔》

9. Karl Kuerner 卡尔·库尔纳

10. *A Buzzard in Her Lap*《她腿上的一只秃鹫》

11. Buzz 巴兹

12. Louise 路易丝

13. *November Winds*《十一月的风》

14. crow 乌鸦

15. eagle 老鹰

16. the Ohio River Valley 俄亥俄河流域

17. Hinckley 欣克利

18. Newark 纽瓦克

19. black vulture 黑鹫

## 第十六章

1. Assyrian 亚述人

2. Ed 埃德

3. bull thistle 翼蓟

4. South Sandusky Avenue 桑达斯基南大街

5. Year of Jubilee 禧年

6. Book of Leviticus 利未记

7. Old Testament 旧约全书

8. Father Hilary 希拉里神父

9. Humphrey Bogart 亨弗莱·鲍嘉

10. Social Security 社会保障(制度)

11. Federal Reserve 联邦储备系统

## 第十七章

1. sweat bee 汗蜂

2. opossum 负鼠

3. Allis-Chalmers 艾利斯-查默斯

4. John Deere 约翰迪尔

5. Bounce 邦氏

6. bluebird 蓝鸲

7. red cedar 圆柏

8. Bradford 布拉德福德

9. pole bean 架菜豆

10. indigo bunting 靛蓝彩鹀

11. phoebe 东菲比霸鹟

12. *Nature Wars*《自然战争》

13. Jim Sterba 吉姆·斯特巴

14. Crown Publishers 皇冠出版集团

15. Humane Society 人道协会

16. gull 鸥

17. Wyoming 怀俄明

18. American eagle 白头海雕

19. Asian carp 亚洲鲤

20. songbird 鸣鸟

21. owl 猫头鹰

22. chimney swift 烟囱燕

23. Detroit 底特律

## 第十八章

1. junco 灯芯草雀

2. Liquid Wrench 液体扳手

3. hydraulic bucket 液压抓斗

4. hand-cranked windlass 手动卷扬机

5. winch 绞盘

6. peavey 钩棍

7. cant hook 搬钩

8. Holy Scripture 圣经

9. property line 建筑红线

10. Hercules 赫丘利

11. Evan 埃文

12. posthole digger 螺旋挖掘机

13. post pounder 竖杆机

14. hand digger 人力掘取机

15. leaf blower 吹叶机

16. cuckoo 杜鹃

17. four-wheel drive 四轮驱动

18. ballast 压载物

## 第十九章

1. Alex 亚历克斯

2. Gregorian chant 格列高利圣咏

3. Dusty 达斯提

4. Becca 贝卡

5. Cleveland Clinic 克利夫兰诊所

## 第二十章

1. Tylenol 泰诺

2. Pulitzer 普利策奖

3. Jenny 珍妮

4. follicular lymphoma 滤泡性淋巴瘤

5. socialized medicine 公费医疗

6. Logsdon 罗格斯登

7. Micah 麦卡

8. Benadryl 苯海拉明

9. *Holy Shit*《神圣的粪便》

## 第二十一章

1. Honduras 洪都拉斯

2. lidar 光学雷达

3. Noël Coward 诺埃尔·科沃德

4. *I'll See You Again*《我会与你再相见》

5. daffodil 水仙

6. snowdrop 雪花莲

7. goldfinch 金翅

8. red-bellied woodpecker 红腹啄木鸟

9. downy woodpecker 绒啄木鸟

10. cardinal 红雀

11. tree sparrow 树麻雀

12. white-crowned sparrow 白顶雀

13. house finch 家朱雀

14. English sparrow 家麻雀

15. tufted titmouse 簇山雀

16. great horned owl 大角猫头鹰

17. yellow-bellied sapsucker 黄腹吸汁啄木鸟

18. pileated woodpecker（北美）黑啄木鸟

19. shagbark hickory 鳞皮山核桃

20. sharp-shinned hawk 条纹鹰

21. groundhog 土拨鼠

22. red-winged blackbird 红翅黑鹂

23. Robert Shaw Chorale 罗伯特·肖合唱团

24. onion set 洋葱小鳞茎

25. radish 萝卜

26. lettuce 生菜

27. spring peeper 春雨蛙

28. Beethoven 贝多芬

29. major-league ball game 职棒联盟球赛

30. morel mushroom 羊肚菌

31. grape hyacinth 麝香兰

32. bluebell 圆叶风铃草

33. hepatica 獐耳细辛

34. Dutchman's britches 兜状荷包牡丹

35. rue anemone 小银莲

36. wild geranium 野老鹳草

37. woodland anemone 林地银莲花

38. Canada violet 加拿大紫罗兰

39. greatwhite trillium 白花延龄草

40. toadshade 无柄延龄草

41. Canada thistle 加拿大蓟

42. sour dock 酸模

43. hosta 玉簪花

44. columbine 耧斗菜

45. Jacob's ladder 雅各的梯子

46. waterleaf 水叶

47. bloodroot 血根草

48. Exxon Valdez 埃克森·瓦尔迪兹号

49. Sacred Cow 圣牛

50. starling 椋鸟

51. wren 鹪鹩

52. hummingbird 蜂鸟

53. Baltimore 巴尔的摩

54. northern oriole 橙腹拟黄鹂

55. scarlet tanager 猩红比蓝雀

56. brown thrasher 褐弯嘴嘲鸫

57. mockingbird 嘲鸫

58. deerfly 鹿蝇

59. flycatcher 捕蝇鸟

60. catalpa tree 梓树

61. green-eyed grass 蓝眼草

62. Senator Dunlap 参议员邓拉普

63. runner 匍匐茎

64. Green Arrow 绿箭

65. Adrian 艾德里安

66. Kentucky Wonder 肯塔基奇迹

## 致谢

1. Margo Baldwin 马戈·鲍德温

2. Ben Watson 本·沃森

3. Brianne Goodspeed 布里安娜·古德斯皮德

4. Bill Bokermann 比尔·博克曼恩

5. Melissa Jacobson 梅利莎·雅各布森

6. Laura Jorstad 劳拉·乔斯塔德

7. Helen Walden 海伦·瓦尔登

8. Byron Morales 拜伦·莫拉莱斯

9. Robert Dean 罗伯特·迪安

10. Peter Mazzone 彼得·马佐内

11. Sudish Murthy 苏迪什·默西

12. Kriti Mittal 克里特·米塔尔

13. Joseph Cacchione 约瑟夫·卡奇奥内

14. Amy 艾米

15. Kandi 坎迪

16. Susan 苏珊

17. *Listen to the Land: A Farm Journal Treasury*《聆听大地:农场期刊精选集》

18. Joe 乔

19. Jill 吉尔

20. Rebecca Cartellone 丽贝卡·卡特隆

本书涉及大量英制计量单位,为方便读者阅读和理解,特在此处附录英制单位和公制单位对应表,不在内文逐一注释。

1 英寸≈0.025 米

1 英尺≈0.305 米

1 英里≈1609.344 米

1 加仑(美)≈3.785 升

1 磅≈0.454 千克

N